素食家常菜一本就够

杨桃美食编辑部 主编

江苏凤凰科学技术出版社
· 南京 ·

图书在版编目（CIP）数据

素食家常菜一本就够 / 杨桃美食编辑部主编 . -- 南京 : 江苏凤凰科学技术出版社 , 2015.8（2020.10 重印）
（食在好吃系列）
ISBN 978-7-5537-4241-0

Ⅰ . ①素… Ⅱ . ①杨… Ⅲ . ①素菜 – 菜谱 Ⅳ . ① TS972.123

中国版本图书馆 CIP 数据核字 (2015) 第 049082 号

素食家常菜一本就够

主　　编	杨桃美食编辑部
责任编辑	葛　昀
责任监制	方　晨
出版发行	江苏凤凰科学技术出版社
出版社地址	南京市湖南路 1 号 A 楼，邮编：210009
出版社网址	http://www.pspress.cn
印　　刷	天津丰富彩艺印刷有限公司
开　　本	718mm × 1000mm　1/16
印　　张	10
插　　页	4
字　　数	250 000
版　　次	2015年8月第1版
印　　次	2020年10月第4次印刷
标准书号	ISBN 978-7-5537-4241-0
定　　价	29.80元

前言 Preface

素食主义最早源自古印度的宗教，它是一种回归自然、追求环保的文化理念。在注重环保、追求健康生活方式的现代社会，素食正悄然成为一种时尚生活的标签，而素食主义者的队伍也在不断地壮大。

素食主义者分为全素食主义者和半素食主义者。前者严格遵守素食的要求，在某些地区，甚至蛋、奶类、奶酪都被素食主义者排除在外；而后者大多基于健康、道德或信仰，只是不食用某些肉类，比如牛、羊、猪等传统意义上的红肉，但是会食用部分的禽类和海鲜。不管是哪种素食主义者，都会在坚持原则的基础上，寻求美食的存在。

吃素有很多的好处，素食中的饱和脂肪酸含量非常低，这可以有效降低体内血压和胆固醇的含量。素食者患心脏病的概率仅为一般人群的 1/3，癌症的发病率是一般人的一半。并且素食还能起到许多食疗的功效，是日常生活保健、排毒养颜的有效方式。素食减肥法是相当有效的，可以促进新陈代谢活动，从而把堆积在体内的脂肪燃烧掉，自然就达到了减肥的目的。如果你身边有素食主义者，你可以发现他们全身充满了活力，脏腑器官功能也比较活跃，皮肤会显得光滑、红润，因此吃素也被认为是一种由内而外的美容法。

一说到素食，很多人想到的就是寡淡无味，谁说素食就是淡而无味和一成不变的呢？本书就要打破你对素食菜品的既定印象，教你运用创意巧思和丰富的调味方式，做出富有变化又好吃的素食家常菜。在日常生活中，我们不需要像素食主义者那样，做到那么的极致，但是我们也可以通过常吃素食，来有效调节身体功能。如果素食做得好，我们还可以在品尝美味的同时收获健康哦！

本书一共分为 5 个章节，分为简单快炒菜、下饭卤味菜、色香请客菜、蒸煮凉拌菜和家常素汤品，让您可以根据自己的需求，快速地找到自己需要的素食菜品；并附有精美的成品图，详细的食材用料、调料，还有详细的制作步骤，让你快速定位、一学就会。一起来进入健康美味的素食世界吧！

目录　Contents

巧做素食完备攻略

第一章
简单快炒菜

第二章 下饭卤味菜

第三章
色香请客菜

第四章
蒸煮凉拌菜

第五章 家常素汤品

巧做素食完备攻略

素食的常用配料

素食快炒菜要好吃，少不了的烹调步骤就是爆香，如果是健康素取向，最常用的爆香料非大蒜莫属，但若以宗教取向的纯素理念，大蒜则被列为荤食。除此之外，小蒜、葱、韭菜及洋葱也被列为“五荤菜”，除去这些食材，还有哪些配料适合爆香呢？一起来看看吧！

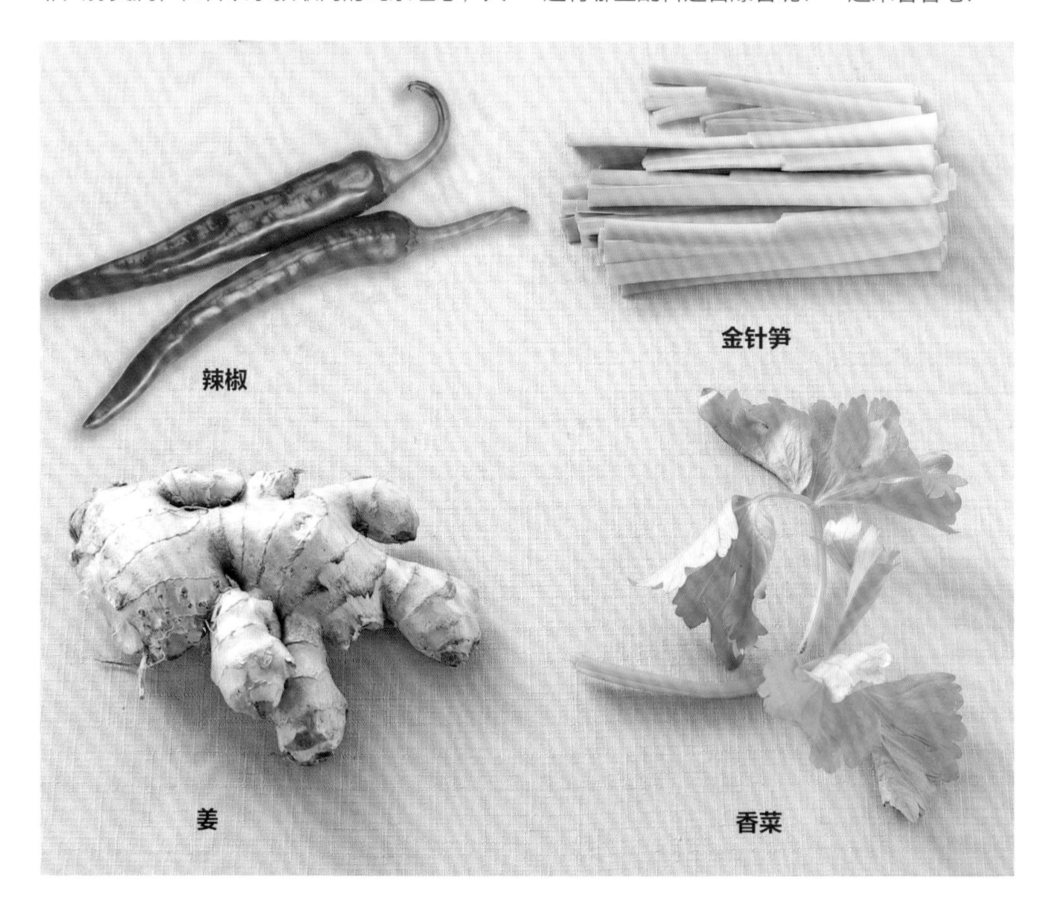

辣椒

辣椒有许多种类，除了新鲜辣椒外，还有干红辣椒、辣椒油、辣椒酱等可选用，红色的辣椒除了用于调味外还有装点菜色的效果。

金针笋

金针笋是金针的幼茎，因色如碧玉、口感嫩似笋，所以又称碧玉笋，有清热退火的功效。

姜

姜具有去腥和杀菌作用，是具有强烈芳香的辛香料，爆香时以选用老姜为佳。

香菜

香菜有股木质清香，带有温和微辛的胡椒味。除了香菜外，芹菜也是不错的爆香料。

素食的常用调料

吃素的人除了规范食材是素食外，料理过程中选用的油品和调料当然也要是素的。一般的乌醋、蚝油、沙茶、高汤块等都是以荤食调理出来的，若加入素食料理中就功亏一篑了，幸好现在吃素的人越来越多，市场上的素调料也越来越多。料理时用市售酱料快速调味，不但省时，也能让菜肴更美味喔！

酱油

黄豆和小麦制成的酱油是居家必备调料，可增加食材的酱香味，同时还能为食材增加色泽，激发人们的食欲。

甜面酱

常用来拌面的甜面酱只要稍加变化，入菜也很对味，甜面酱由于酱味和甜味偏重，所以做菜时要注意用量。

豆腐乳

豆腐乳有“东方奶酪”之称，是流传数千年的中国传统美食。由于它的原料是豆腐，所以营养非常丰富，好的腐乳质地细腻、鲜美适口，不论直接当作配菜或加入食材拌炒都好吃。

素高汤块

素高汤块主要是以蔬菜、水果熬煮浓缩而成的。

素沙茶酱

素沙茶酱多以黑芝麻、小麦胚芽、香菇、素肉和辛香料等调制而成，味道与原味沙茶酱相差无几。

素食快炒好吃秘诀

蔬菜不变色秘诀

部分蔬菜很容易煮到变黄，像芦笋、西蓝花等，可以先汆烫再立即捞起，放入冰水中定色，再下锅以大火快炒就不容易变黄了。

食材切薄好入味

将蔬菜或肉类切薄片或丝，便于快炒的速度均匀一致，将调味的辛香料如蒜、姜、辣椒等也切成末或片，可帮助食材充分吸收调味汁。

炒蛋火候控制技巧

蛋易熟，因此一定要掌控好火候。做炒蛋或滑蛋时，最好使用有柄锅，以便于离火控温。烹调时先用中火热锅，锅热后熄火，将蛋倒入再开火，如此蛋才不易烧焦。

快炒嫩豆腐秘诀

嫩豆腐先泡盐水可增加弹性与咸味，切块后可用热开水浸泡 10 分钟，能让冰冷的豆腐内部也变得温热，节省翻炒的时间；同时泡热开水能去豆腐的豆涩味，吃起来口感更加滑嫩。

本书单位换算

固体类 / 油脂类	液体类
1小匙≈5克	1小匙≈5毫升
1大匙≈15克	1大匙≈15毫升

小贴士

汆烫蔬菜时，先在锅中加少许植物油和盐，再放入蔬菜，也可以保持蔬菜的鲜亮色泽。

第一章

简单快炒菜

基于健康、环保或信仰的理由，吃素的人越来越多了。素食不仅对身体健康有利，制作起来也较为方便快捷。简便并不意味着单调，怎样把家常素菜做得有滋有味，也是一门学问。这一章的家常素菜就为你介绍方便又美味的简单快炒菜。

罗汉豆腐

材料

蛋豆腐1盒，荷兰豆50克，金针笋5克，鲜香菇1朵，胡萝卜10克，黑木耳丝20克，姜丝5克，市售香菇高汤200毫升

调料

盐1/6小匙，白糖1/2小匙，水淀粉、香油各1大匙，植物油少许

做法

1. 荷兰豆洗净去粗丝；金针笋泡开水3分钟后沥干；鲜香菇及胡萝卜洗净切丝，备用。
2. 蛋豆腐切厚片，放入沸水中汆烫约10秒钟后取出。
3. 锅烧热，倒入少许油，以小火炒香姜丝，加入做法1的所有材料及黑木耳丝略炒。
4. 再加入市售香菇高汤、盐、白糖及蛋豆腐片炒匀，加入水淀粉勾芡，加入香油即可。

酸菜炒面肠

材料

面肠250克，酸菜120克，姜丝15克，红辣椒丝10克

调料

酱油、醋各少许，盐、白糖各1/4小匙，橄榄油2大匙

做法

1. 面肠洗净切段，放入锅中过油，再捞起沥油；酸菜洗净切丝，泡水约1分钟后，捞起沥干备用。
2. 热锅，加入橄榄油，放入姜丝、红辣椒丝先爆香，再放入酸菜丝炒香，接着放入面肠段拌炒均匀，最后加入其余调料炒至所有材料入味即可。

宫保杏鲍菇

材料

杏鲍菇150克，西芹40克，干红辣椒5克，姜片20克，花椒2克

调料

酱油、醋、水淀粉、香油各1大匙，白糖、番茄酱各1小匙，水2大匙，植物油少许

做法

❶ 杏鲍菇、西芹洗净，切滚刀块。

❷ 取锅倒入适量植物油烧热，放入杏鲍菇煎至表面上色，盛起备用。

❸ 原锅放入干红辣椒、姜片和花椒炒香，加入水、杏鲍菇块、西芹块及其他调料拌炒均匀即可。

海带炒黄豆芽

材料

海带丝120克，黄豆芽100克，胡萝卜丝20克，芹菜段15克，姜丝10克

调料

盐1/4小匙，生抽、白糖各1/2小匙，醋少许，植物油2大匙

做法

❶ 海带丝切段、洗净，放入沸水中略汆烫后捞起沥干；黄豆芽洗净，放入沸水中汆烫，再捞起沥干，备用。

❷ 热锅，加入油，放入姜丝爆香，再加入胡萝卜丝、海带丝、黄豆芽和芹菜段炒匀。

❸ 最后加入其余调料拌炒至入味即可。

芝麻炒牛蒡

材料
牛蒡200克，姜10克，胡萝卜、熟白芝麻各少许

调料
盐、白糖各1/4小匙，醋少许，植物油2大匙

做法
❶ 胡萝卜洗净去皮切丝；姜洗净切末；牛蒡洗净去皮切丝，放入醋水（材料外）中浸泡，使用前捞出沥干水分，备用。
❷ 锅内倒入油，爆香姜末，放入牛蒡丝、胡萝卜丝略炒。
❸ 放入其余调料快速拌炒至入味，再撒上熟白芝麻拌匀即可。

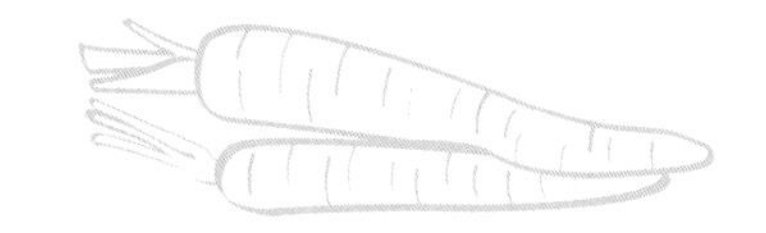

空心菜炒素肉

材料
素肉丝50克，空心菜120克，姜片30克，红辣椒1个，水20毫升

调料
素沙茶酱1大匙，盐1小匙，白糖1/2小匙，植物油少许

做法
❶ 空心菜洗净，切段状；红辣椒洗净切片；素肉丝用清水泡软，挤干水分备用。
❷ 炒锅倒入适量油烧热，加入姜片炒香，再放入素肉丝、空心菜段、红辣椒片、水和其余调料炒匀即可。

甜椒土豆丝

材料
土豆150克，红甜椒、黄甜椒各30克，姜丝10克，西芹10克，水100毫升

调料
盐、香油各1大匙，植物油少许

做法
1. 土豆去皮，切丝状；甜椒、西芹都洗净切成丝状。
2. 取锅倒入少许植物油烧热，放入姜丝炒香，再加入所有材料和其余调料，炒至汤汁略收干即可。

茭白西蓝花

材料
茭白180克，西蓝花50克，姜片20克，胡萝卜片30克，玉米笋40克，水200毫升

调料
盐、香油各1大匙，植物油少许

做法
1. 茭白洗净切成滚刀块；西蓝花洗净切小朵；胡萝卜和玉米笋都洗净切片。
2. 取锅倒入少许植物油烧热，放入姜片炒香，再加入茭白块、西蓝花、胡萝卜片和玉米笋片略炒，最后放入水及其余调料炒至食材软化即可。

雪里蕻炒豆干丁

材料

雪里蕻 220克
豆干 160克
红辣椒 10克
姜 10克

调料

盐 1/4小匙
白糖 少许
香菇粉 少许
植物油 2大匙

做法

1. 雪里蕻洗净切末；豆干洗净切丁，备用。
2. 红辣椒洗净切圈；姜洗净切末，备用。
3. 热锅倒入植物油，爆香姜末，放入红辣椒圈、豆干丁拌炒至微干。
4. 再放入雪里蕻和其余调料，炒至入味即可盛盘。

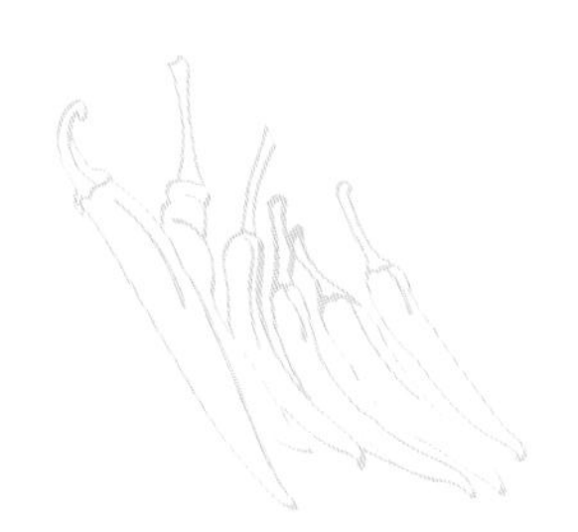

西红柿炒秋葵

材料

秋葵120克，西红柿200克，山药100克，姜末20克

调料

盐1/2小匙，香油1大匙，白糖、植物油各少许

做法

❶ 秋葵洗净，放入开水中汆烫1分钟，捞起后放入冷水中泡凉，沥干水分，切除蒂头部分，再切成圆片状备用。

❷ 山药去皮，切丁；西红柿洗净切丁备用。

❸ 锅置火上烧热，加入少许植物油烧热，爆香姜末，再加入西红柿丁、山药丁和秋葵拌炒均匀。

❹ 再加入盐与白糖调味，拌炒均匀，最后加入香油炒匀即可。

素炒山药

材料

山药200克，水发黑木耳50克，胡萝卜60克，姜丝10克

调料

盐1/4小匙，白糖1/2小匙，白胡椒粉、植物油各少许，水4大匙，香油1小匙

做法

❶ 山药、胡萝卜皆去皮，切丝状；水发黑木耳洗净切丝，备用。

❷ 取锅倒入少许植物油烧热，小火爆香姜丝，再加入胡萝卜丝、山药丝及黑木耳丝炒匀。

❸ 加入盐、白糖、白胡椒粉及水炒至水分收干，洒上香油即可。

西红柿烧豆皮

材料
豆皮50克，西红柿250克，姜末5克，芹菜15克

调料
盐1/4小匙，番茄酱1小匙，白糖1/2大匙，酱油少许，植物油2大匙

做法
1. 豆皮泡软、切小片，再放入开水中汆烫一下后捞起沥干；西红柿洗净切块；芹菜洗净切段，备用。
2. 热锅，加入2大匙植物油，放入姜末爆香，再放入的西红柿块拌炒均匀。
3. 续加入豆皮片、芹菜段和其余调料拌匀，烧煮至入味即可。

当归猴头菇

材料
猴头菇50克，当归5克，枸杞子3克，姜片15克，泡发香菇6朵，素高汤（做法详见142页）400毫升

调料
植物油2大匙，盐1/4小匙

做法
1. 猴头菇切块，用开水浸泡1小时后沥干。
2. 炒锅加少许油烧热，放入姜片、泡发香菇小火爆香，再放入猴头菇、当归、枸杞子、素高汤煮开。
3. 转小火煮约5分钟至猴头菇熟软后，加入盐调味即可。

芹菜炒豆皮

材料

芹菜120克，豆皮60克，黑木耳丝20克，姜丝、红辣椒圈各10克

调料

盐1/4小匙，香菇粉、白胡椒粉各少许，植物油2大匙

做法

1. 芹菜去根部和叶后洗净、切段；豆皮洗净、切丝，备用。
2. 热锅，加入2大匙植物油，放入姜丝、红辣椒圈爆香，再放入芹菜段、黑木耳丝炒匀。
3. 再放入豆皮丝和其余调料拌炒至均匀入味即可。

绿豆芽炒甜椒

材料

绿豆芽50克，红甜椒丝、黄甜椒丝、青椒丝各30克，姜丝5克

调料

盐1小匙，白糖1/4小匙，植物油少许

做法

1. 绿豆芽去除头尾（即银芽）备用。
2. 热锅倒入少许油烧热，放入姜丝炒香，再放入绿豆芽快炒，盛起备用。
3. 原锅再放入青椒、甜椒丝炒香，放入绿豆芽和其余调料炒匀即可。

宫保卷心菜

材料
小卷心菜180克，姜片20克，干红辣椒10克，水60毫升

调料
盐1小匙，植物油少许

做法
❶ 小卷心菜切块，用沸水汆烫后，沥干水分备用。
❷ 热锅倒入少许油，将姜片、干红辣椒放入锅中炒香，再加入小卷心菜、水与其他调料拌炒匀即可。

银杏炒芦笋

材料
银杏60克，青芦笋300克，蟹味菇50克，姜丝10克，红辣椒丝10克

调料
盐1/4小匙，植物油、白糖、香菇粉、白胡椒粉各少许，热水3大匙

做法
❶ 银杏放入沸水中，汆烫一下捞出备用。
❷ 青芦笋洗净切段；蟹味菇洗净备用。
❸ 锅烧热，倒入少许油，加入姜丝、红辣椒丝爆香，再放入青芦笋段、蟹味菇拌炒。
❹ 最后再放入银杏、水和其余调料，拌炒至入味即可。

鲍菇烩卷心菜

材料

卷心菜300克，杏鲍菇80克，姜片10克，胡萝卜丝、黑木耳丝、素高汤（做法详见142页）各适量

调料

盐、白糖各1/2小匙，香菇粉1/4小匙，植物油2大匙，胡椒粉、香油、水淀粉各少许

做法

1. 卷心菜洗净切片；杏鲍菇洗净切片备用。
2. 热锅，加入2大匙植物油，将姜片爆香后，放入杏鲍菇、卷心菜炒至微软后，再放胡萝卜丝、黑木耳丝拌炒。
3. 接着于锅中加入素高汤、其余调料（水淀粉除外），炒至入味，以水淀粉勾芡即可。

枸杞子炒山药

材料

山药200克，玉米笋、姜片各30克，枸杞子10克，水60毫升

调料

香油2大匙，酱油1小匙

做法

1. 山药去皮洗净切片；玉米笋洗净切段；枸杞子泡水至软后，捞起沥干，备用。
2. 热锅放入香油，将姜片炒香，再放入山药片、玉米笋、枸杞子炒匀，并加入酱油及水拌炒均匀即可。

素小炒

材料

素肉丝10克，芹菜70克，魔芋100克，豆干200克，姜末15克，红辣椒10克

调料

酱油1小匙，白糖1/4小匙，橄榄油1大匙，盐、白胡椒粉各少许

做法

❶ 素肉丝泡软，放入沸水中汆烫后备用；魔芋切丝，放入沸水中汆烫后捞起备用。

❷ 芹菜洗净去叶、切段；红辣椒切丝；豆干洗净切丝，稍微过油后备用。

❸ 热锅，倒入橄榄油后，先放入姜末爆香，再放入红辣椒丝、素肉丝、魔芋丝拌炒，最后放入豆干丝、其余调料拌炒均匀。

❹ 加入芹菜段，炒至所有食材入味即可。

龙须菜炒素肉

材料

龙须菜300克，素肉馅、黑豆豉各20克，红辣椒圈、姜各10克

调料

盐1/4小匙，味精、白胡椒粉、香油、白糖各少许，植物油2大匙

做法

❶ 素肉馅泡软、沥干；姜洗净切末，备用。

❷ 龙须菜取嫩叶，剔除梗部粗纤维后洗净，放入沸水中快速汆烫，捞出沥干水分，切末备用。

❸ 热锅倒入植物油，爆香姜末，再放入红辣椒圈、黑豆豉炒出香味。

❹ 再放入素肉馅拌炒均匀，最后加入其余调料、龙须菜拌炒均匀至入味即可。

辣炒酸菜

材料

酸菜300克，姜20克，红辣椒30克

调料

白糖2大匙，植物油少许

做法

1. 酸菜洗净切丝；姜洗净切末；红辣椒洗净切丝，备用。
2. 热锅，倒入少许植物油，以小火爆香红辣椒丝和姜末。
3. 续加入酸菜丝和白糖，以中火翻炒约3分钟至水分完全收干即可。

辣炒酸豆角

材料

酸豆角400克，红辣椒60克，姜20克

调料

盐1/4小匙，白糖2小匙，香油、植物油各2大匙

做法

1. 将酸豆角用清水洗净后沥干，切成长约0.5厘米的细粒；红辣椒、姜洗净切末，备用。
2. 锅烧热，倒入2大匙植物油，以小火爆香姜末及红辣椒末，再加入酸豆角粒、盐和白糖，炒约1分钟至水分收干，最后再淋入香油即可。

毛豆剑笋

材料
剑笋200克，毛豆60克，姜片5克，水400毫升

调料
辣豆瓣酱1大匙，水淀粉、酱油、香油、白糖各1小匙

做法
1. 剑笋洗净用菜刀略拍打过，和毛豆一起放入沸水中汆烫备用。
2. 取锅，放入姜片、水和所有调料炒香后，放入做法1的材料焖煮至汤汁略收即可。

豉汁花干

材料
花干2块，豆豉10克，小黄瓜片20克，红辣椒片8克，水100毫升

调料
酱油、香油各1大匙，白糖1小匙

做法
1. 花干切块状后用水汆烫，沥干备用。
2. 热锅放香油，将豆豉、小黄瓜片、红辣椒片放入锅中爆香，再加入花干、水与其余调料拌炒至汤汁略干即可。

丝瓜炒面筋

材料

面筋100克，丝瓜300克，胡萝卜片25克，姜丝10克，水150毫升

调料

盐、白糖各1/4小匙，胡椒粉、水淀粉、香油各少许，植物油1大匙

做法

1. 面筋放入沸水中汆烫至软，再捞出沥干，备用。
2. 丝瓜去头尾后洗净，切块备用。
3. 热锅，加入1大匙植物油，放入姜丝爆香，再放入胡萝卜片、丝瓜块拌炒均匀，接着放入面筋。
4. 续加入水煮沸，再放入除水淀粉外的调料拌匀，以水淀粉勾芡煮沸即可。

回锅素肉

材料

素肉排150克，青椒片30克，竹笋片20克，红辣椒片5克，姜片10克，水80毫升

调料

辣椒酱1/2小匙，甜面酱、番茄酱、白糖、香油各1小匙，水淀粉1大匙，植物油少许

做法

1. 素肉排洗净切片状。
2. 热锅加入植物油，将青椒片、竹笋片、红辣椒片、姜片放入锅中炒香，再加入素肉片，并倒入辣椒酱、甜面酱、番茄酱、白糖、水，以大火拌炒均匀。
3. 续倒入水淀粉勾芡，并淋上香油即可。

甜椒炒百合

材料

鲜百合	100克
红甜椒	75克
黄甜椒	75克
青椒	40克
姜末	10克
水	2大匙

调料

盐	1/4小匙
白糖	1/2小匙
白胡椒粉	少许
水淀粉	1小匙
香油	1小匙
植物油	少许

做法

❶ 鲜百合剥成小片状；甜椒、青椒洗净去籽，切小片。

❷ 热锅，倒入少许植物油烧热，小火爆香姜末，再加入青椒片、甜椒片炒匀。

❸ 再加入盐、白糖、白胡椒粉及水炒匀，放入百合片快速翻炒后，加入水淀粉勾薄芡，再洒上香油即可。

京酱素肉丝

材料

素肉排120克，绿豆芽、小黄瓜各30克，姜末10克，水100毫升

调料

甜面酱1大匙，番茄酱、白糖、香油各1小匙，植物油少许

做法

1. 绿豆芽洗净，略汆烫后沥干，铺于盘中，备用。
2. 将素肉排切丝；小黄瓜洗净切丝，备用。
3. 热锅加入植物油，将姜末放入锅中炒香后，再放入素肉排丝、小黄瓜丝、水和其余调料拌炒均匀后，盛于盘中即可。

鲜菇烩腐竹

材料

腐竹50克，鲜香菇40克，洋菇30克，胡萝卜片20克，甜豆荚40克，姜片5克，水200毫升

调料

盐、白糖各1/4小匙，香菇粉、香油、醋、水淀粉各少许，植物油2大匙

做法

1. 腐竹洗净、泡软后切段；鲜香菇、洋菇各洗净切片；甜豆荚去头尾和粗丝后洗净。
2. 热锅，加入植物油，放入姜片、鲜香菇片、洋菇片炒香，再放入胡萝卜片和腐竹段、水，炒约1分钟。
3. 续加入甜豆荚、除水淀粉外的其余调料煮至食材入味，最后以水淀粉勾芡即可。

辣炒素肉丝

材料

素肉排120克，黑木耳丝、姜末、红辣椒末各10克，小黄瓜末20克，水200毫升

调料

辣椒酱、白糖、水淀粉各1大匙，酱油、香油、辣油各1小匙，植物油少许

做法

1. 素肉排切丝状备用。
2. 热锅加入植物油，将黑木耳丝、姜末、红辣椒末、小黄瓜末放入锅中炒香，再加入辣椒酱、酱油、白糖、水拌炒均匀后，再放入素肉丝。
3. 续倒入水淀粉勾芡，并加入香油和辣油炒匀即可。

银杏烩三丁

材料

银杏60克，胡萝卜丁30克，小黄瓜丁40克，山药丁40克，姜末10克，上海青4棵，当归2片，枸杞子10克，水500毫升

调料

盐、白糖各1/2小匙，水淀粉、香油各1大匙

做法

1. 枸杞子泡水沥干；银杏、上海青、小黄瓜丁、胡萝卜丁、山药丁分别汆烫。
2. 姜末炒香后，再加入银杏、小黄瓜丁、胡萝卜丁、山药丁、水及所有调料一起拌炒。
3. 起锅前放入当归、枸杞子稍煮一下，摆盘时先将上海青铺底，之后再盛入炒香的食材即可。

蚝油腐竹

材料

腐竹60克，生菜200克，姜丝10克，水150毫升

调料

素蚝油、植物油各2大匙，盐、香菇粉各少许，香油1/2小匙

做法

❶ 腐竹洗净、泡软后切段，备用。

❷ 生菜洗净、切片。

❸ 热锅，加入1大匙植物油，放入姜丝爆香，放入腐竹段拌炒，加入水、调料炒匀，煮至微干后盛出。

❹ 另热锅，加入1大匙植物油，放入生菜和少许盐（分量外）炒熟后盛盘，再放入腐竹段即可。

菠萝炒黑木耳

材料

鲜菠萝片100克，黑木耳150克，胡萝卜30克，姜片20克

调料

盐1小匙，白胡椒粉1/2小匙，植物油少许

做法

❶ 黑木耳和胡萝卜洗净切片，放入沸水中略汆烫，捞起备用。

❷ 取锅，加入少许油，放入姜片爆香，再放入做法1的材料、新鲜菠萝片和其余调料拌炒均匀即可。

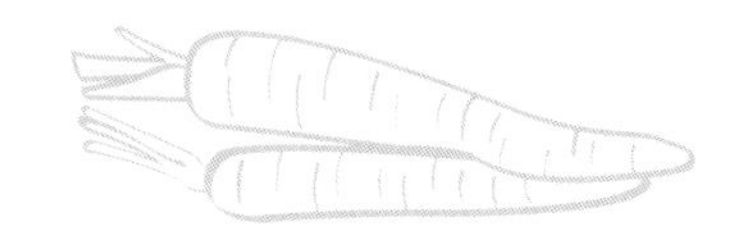

芹菜炒藕丝

材料

莲藕120克，芹菜段80克，胡萝卜丝30克，黄甜椒丝20克，水150毫升

调料

酱油3大匙，盐、白糖各1小匙，香油1大匙，植物油少许

做法

❶ 莲藕洗净切丝，放入沸水中略汆烫。

❷ 另取锅，加入少许植物油，加入莲藕丝和其余调料炒香后，再放入其余材料略拌炒均匀即可。

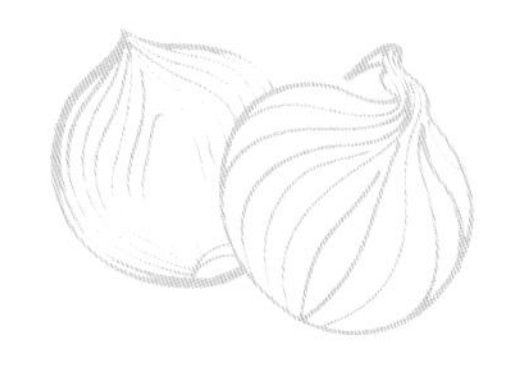

豆干炒豆角

材料

豆角120克，豆干丝60克，红甜椒丝20克，姜丝5克

调料

盐1小匙，白糖1/4小匙，白胡椒1/2小匙，香油1大匙，植物油少许

做法

❶ 豆角洗净切段状，和豆干丝分别用沸水汆烫，沥干备用。

❷ 热锅加入少许植物油，将姜丝、红甜椒丝放入锅中炒香，再加入做法1的材料和其余调料拌炒均匀即可。

什锦素菜

材料

小黄瓜80克，胡萝卜10克，绿豆芽、草菇各20克，姜片10克，山药40克，枸杞子5克，黑木耳5克，水100毫升

调料

盐1小匙，白糖1/2小匙，植物油、水淀粉各少许，香油1大匙

做法

1. 小黄瓜洗净切长条形，胡萝卜、山药、黑木耳洗净切片，草菇洗净对半切后，分别用沸水汆烫，沥干备用。
2. 热锅加入少许植物油，将姜片、绿豆芽、枸杞子放入锅中炒香，再加入做法1的材料和盐、白糖、水炒匀，倒入水淀粉勾芡并加入香油炒匀即可。

香辣土豆丝

材料

土豆100克，青椒20克，红辣椒10克，姜10克，花椒粒2克

调料

盐1小匙，白糖1/2小匙，香油、辣油各1大匙，植物油少许

做法

1. 土豆去皮切丝泡冷水，备用。
2. 青椒、红辣椒、姜洗净切丝，备用。
3. 热锅加入少许植物油，将青椒丝、红辣椒丝、姜丝和花椒粒放入锅中炒香。
4. 续加入土豆丝及其余调料拌炒均匀即可。

蟹黄豆腐

材料

豆腐300克，胡萝卜50克，姜末20克，洋菇片30克，水400毫升，芹菜末少许

调料

白糖1小匙，白胡椒粉1/2小匙，盐、水淀粉、香油各1大匙，植物油少许

做法

❶ 豆腐切小丁状，放入沸水中略汆烫以去除生豆味，捞起沥干。

❷ 胡萝卜洗净去皮，用铁汤匙刮成泥状。

❸ 取锅，加入少许植物油烧热，放入姜末和洋菇片炒香后，加入胡萝卜泥和盐、白糖、水、白胡椒粉拌炒均匀；再加入豆腐丁，以水淀粉勾芡，淋入香油略拌炒后盛盘，再撒上少许芹菜末即可。

香菜草菇

材料

草菇150克，香菜30克，姜丝、红辣椒丝各10克

调料

素蚝油1/2大匙，白糖1/2小匙，香油1大匙

做法

❶ 香菜洗净切段；草菇洗净，蒂头划十字，备用。

❷ 热锅，倒入香油，加入姜丝、红辣椒丝炒香，再放入草菇炒至上色。

❸ 加入其余调料拌炒入味，起锅前加入香菜段炒匀即可。

黑木耳娃娃菜

材料
娃娃菜250克，黑木耳片20克，胡萝卜片10克，姜片5克，水100毫升

调料
盐、白糖各1/2小匙，植物油少许

做法
❶ 娃娃菜洗净剖成4片，备用。

❷ 热锅，放入少许植物油爆香姜片，再将娃娃菜、黑木耳片、胡萝卜片、水和其余调料放入锅中，拌炒至软即可。

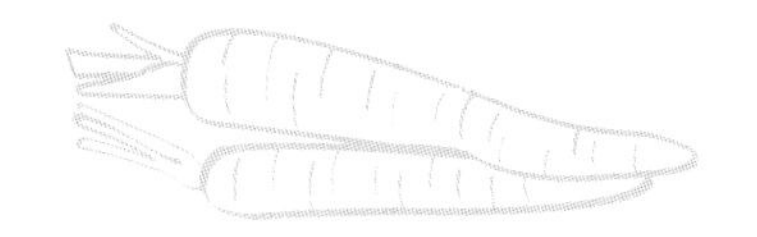

麻辣素鸡丁

材料
杏鲍菇100克，青椒片30克，姜片5克，红辣椒片10克，花椒3克，水80毫升

调料
香油、辣油、醋、白糖各1小匙，酱油、水淀粉各1大匙，低筋面粉80克

做法
❶ 杏鲍菇洗净，切滚刀块，再沾裹用水和低筋面粉混合好的面糊，入油锅炸至金黄取出，沥干备用。

❷ 热锅，将青椒片、姜片、红辣椒片和花椒放入锅中炒香，再加入杏鲍菇块、水与除水淀粉外的调料拌炒均匀，最后以水淀粉勾芡即可。

金针菜炒素肚

材料

素肚300克，干金针菜20克，黑木耳60克，姜丝10克，水30毫升

调料

盐1/4小匙，香菇粉、白糖、香油各少许，水淀粉、香油各1大匙，植物油2大匙

做法

1. 金针菜洗净、泡软后去蒂；素肚、黑木耳分别洗净、切丝，备用。
2. 热锅，倒入植物油，放入姜丝爆香，再加入素肚丝拌炒香，接着放入金针菜、黑木耳丝炒匀。
3. 续加入水和其余调料，煮沸后炒匀即可。

杏鲍菇炒面筋

材料

面筋30克，杏鲍菇10克，红甜椒25克，金针笋40克，姜片10克，水30毫升

调料

盐1/4小匙，香菇粉、白胡椒粉各少许，植物油2大匙

做法

1. 面筋汆烫至软，捞出沥干；杏鲍菇、金针笋和红甜椒洗净切片。
2. 热锅，加入油，放入姜片爆香，放入杏鲍菇片、金针笋片和红甜椒片拌炒，再放入面筋、水和其余调料，炒至入味即可。

酱烧青甜椒

材料

青甜椒200克，红辣椒60克，豆豉、姜末各10克，水200毫升

调料

酱油、白糖各1小匙，植物油适量

做法

1. 青甜椒、红辣椒洗净擦干，放入150℃的油锅中炸约10秒，捞起泡入冷水中去皮，再切长条状，备用。
2. 取锅，加入豆豉和姜末炒香，放入所有调料、水和做法1的材料煮至汤汁略收即可。

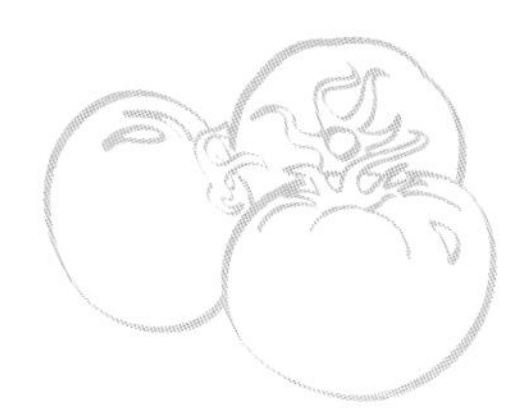

姜汁烧素肉片

材料

素肉片40克，菠菜200克，姜末5克，姜汁10毫升，熟白芝麻适量

调料

酱油1大匙，白糖1/4小匙，盐、植物油各少许

做法

1. 素肉片泡软，放入沸水中汆烫，再捞起沥干水分。
2. 菠菜洗净切段，放入沸水中（水中加入材料外的适量油、少许盐）汆烫至熟，再捞起沥干，盛盘备用。
3. 热锅加入少许植物油，放入姜末爆香，再放入素肉片拌炒均匀；续加入姜汁、其余调料炒至素肉片入味，起锅放在菠菜上，撒上熟白芝麻即可。

红糟面肠

材料

面肠　300克
姜片　10克
菠菜　少许

调料

红糟酱　2大匙
白糖　少许
植物油　少许

做法

❶ 面肠洗净、切片；菠菜洗净、切段，备用。
❷ 热锅加入少许植物油，放入姜片爆香，再加入面肠片炒香，接着加入其余调料拌炒至所有材料均匀入味，熄火盛盘。
❸ 将菠菜段放入沸水中烫熟，沥干水分，摆至面肠片边上搭配食用即可。

川味茄子

材料

茄子150克，榨菜片30克，小黄瓜片、素肉末、姜末各10克，红辣椒片5克，水200毫升

调料

辣椒酱、白糖各1大匙，水淀粉少许，香油、辣油各1小匙，植物油适量

做法

1. 茄子洗净，去皮切长条状，用150℃油温的油略炸，沥干油备用。
2. 热锅，将榨菜片、素肉末、姜末、红辣椒片、小黄瓜片放入锅中炒香，再加入茄子和辣椒酱、白糖、水拌煮均匀。
3. 续倒入水淀粉勾芡，并加入香油和辣油拌匀即可。

剑笋炒花干

材料

剑笋150克，花干1块，姜末20克，水300毫升

调料

辣豆瓣酱、酱油、香油各1大匙，白糖1小匙，水淀粉、植物油各少许

做法

1. 剑笋洗净，花干切块状，一并用沸水汆烫，沥干备用。
2. 热锅加入少许植物油，将姜末放入锅中炒香，再加入做法1的材料、水和除水淀粉外的调料，煮至汤汁略收干。
3. 续倒入水淀粉勾芡，并加入香油炒匀。

黑椒素鸡柳

材料
杏鲍菇100克，青椒条20克，红甜椒条5克，黄甜椒条10克，姜条5克，水60毫升

调料
黑胡椒粒1小匙，酱油1/2小匙，素蚝油、番茄酱、白糖各1大匙，植物油适量

做法
❶ 杏鲍菇洗净后，切成柳条状备用。
❷ 热油锅，将所有调料放入锅中炒匀，再加入杏鲍菇条和其余材料，以大火炒匀即可。

三杯素面肠

材料
面肠5条，老姜1块，红辣椒1个，罗勒150克，素高汤（做法详见142页）200毫升

调料
植物油1大匙，酱油2大匙，白糖1小匙

做法
❶ 面肠洗净切块；罗勒洗净；老姜、红辣椒洗净切片备用。
❷ 热锅，放入植物油、姜片、红辣椒片爆香，加入面肠块炒至颜色略变黄后，加入其余调料以小火续煮至汤汁收干，起锅前放入罗勒转大火炒一下即可。

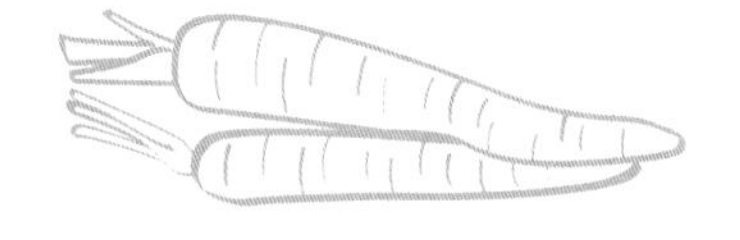

双菇炒素肉丝

材料

素肉丝20克，蟹味菇、白玉菇各60克，青椒、黄甜椒各30克，姜丝10克

调料

盐1/4小匙，香菇粉、白胡椒粉各少许，香油2大匙

做法

1. 素肉丝泡水至软，放入沸水中汆烫后捞起沥干；青椒和黄甜椒洗净去籽切条。
2. 蟹味菇、白玉菇洗净去蒂头。
3. 热锅，加入香油，放入姜丝爆香，再放入蟹味菇、白玉菇拌炒均匀。
4. 续放入素肉丝、青椒条、黄甜椒条拌炒，再加入其余调料炒匀即可。

南瓜素肉丝

材料

南瓜350克，素肉丝、姜末各10克，枸杞子5克，水250毫升

调料

盐1/4小匙，白胡椒粉少许，植物油2大匙

做法

1. 素肉丝泡软，放入沸水中汆烫，再捞起沥干，备用。
2. 枸杞子洗净；南瓜外皮刷洗干净，挖除籽后切块，备用。
3. 热锅，加入植物油烧热，放入姜末爆香，再放入南瓜块拌炒。
4. 续放入素肉丝、枸杞子、水、其余调料，煮沸后再以小火稍微焖煮至南瓜入味即可。

豆酱炒素肚

材料
素肚200克，西芹段20克，红甜椒丝5克，红辣椒丝、姜末各10克，水80毫升

调料
黄豆酱、香油各1大匙，白糖1小匙，植物油少许

做法
❶ 素肚切丝后用水汆烫，取出沥干备用。

❷ 热锅加入少许植物油，将姜末、西芹段、红甜椒丝、红辣椒丝放入锅中炒香，再加入素肚丝、水和其余调料拌炒均匀即可。

豆豉茄子

材料
茄子2个，豆豉20克，罗勒20克，红辣椒、姜各10克，水150毫升

调料
白糖1/2小匙，盐、味精各少许，植物油1大匙

做法
❶ 罗勒取嫩叶洗净；红辣椒、姜洗净切片。

❷ 茄子洗净去头尾、切段；热油锅至油温约160℃，放入茄子段炸至微软，捞出沥油。

❸ 热锅倒入植物油，爆香姜片，放入豆豉炒香，再放入红辣椒片和茄子段拌炒。

❹ 放入水和其余调料拌炒均匀，再放入罗勒叶炒至入味即可。

蟹黄白菜

材料

大白菜600克，胡萝卜泥50克，黑木耳20克，魔芋50克，玉米粉适量，姜片10克，水200毫升

调料

盐、香菇粉各1/4小匙，白糖、白胡椒粉、水淀粉、植物油各少许

做法

1. 胡萝卜泥加少许盐（分量外）和玉米粉拌匀；黑木耳洗净切小块；大白菜洗净切块，和魔芋一起汆烫后捞出备用。
2. 起锅放入少许油，放入胡萝卜泥炒熟，盛起；原锅爆香姜片，放入黑木耳块、大白菜块、魔芋拌炒，加水煮5分钟，续加入除水淀粉外的调料煮匀，以水淀粉勾芡，再放入胡萝卜泥煮匀即可。

香辣莲子

材料

生莲子150克，干红辣椒段5克，姜末10克，西芹30克

调料

盐1小匙，白胡椒粉1/4小匙，植物油少许

做法

1. 生莲子用沸水汆烫后，放入油锅中炸熟；西芹洗净切小段，备用。
2. 热锅加入少许油，将干红辣椒段、姜末、西芹段放入锅中炒香。
3. 再加入炸过的莲子和其余调料炒匀即可。

红糟茭白

材料
茭白250克，豆皮30克，姜10克，水100毫升

调料
白糖1/2小匙，红糟酱20克，橄榄油2大匙

做法
❶ 茭白洗净切成条状；豆皮放入沸水中汆烫后捞起切丝；姜洗净切末备用。
❷ 热锅，加入橄榄油，放入姜末先爆香，加入茭白条翻炒约1分钟后，加入豆皮丝、红糟酱炒匀。
❸ 续加入其余调料和水，拌炒至所有材料入味、汤汁微干即可。

萝卜炒海带

材料
白萝卜350克，海带丝100克，姜丝15克，熟白芝麻少许

调料
味啉20毫升，醋、生抽、盐、七味粉各少许，植物油2大匙

做法
❶ 白萝卜去皮切条状，放入沸水中汆烫3分钟，取出沥干备用。
❷ 海带丝洗净，入沸水中汆烫，取出沥干。
❸ 热锅，倒入2大匙油，放入姜丝爆香，放入白萝卜炒匀。
❹ 续加入海带丝、味啉、醋、生抽、盐炒至入味，最后撒入熟白芝麻与七味粉即可。

素火腿卷心菜

材料

卷心菜350克，素火腿50克，芹菜15克，红甜椒20克，姜10克

调料

盐1/4小匙，味精、白胡椒粉、香油各少许，植物油2大匙

做法

1. 卷心菜洗净切片；素火腿切细丁；芹菜、红甜椒、姜洗净切末，备用。
2. 热锅，倒入1大匙植物油后爆香姜末，加入素火腿细丁炒香，再放入芹菜末、红甜椒末拌炒均匀，取出备用。
3. 另取一锅再倒入1大匙植物油，放入卷心菜片炒至微软，加入其余调料炒匀。
4. 最后放入做法2的所有食材拌炒均匀即可。

烩什锦菇

材料

杏鲍菇片、上海青各60克，蟹味菇片50克，鲜香菇片80克，金针菇、草菇各40克，胡萝卜片少许，水200毫升

调料

盐1小匙，白糖、水淀粉、植物油各少许

做法

1. 上海青洗净对剖备用。
2. 杏鲍菇片、蟹味菇片、鲜香菇片、金针菇、草菇、上海青、胡萝卜片放入沸水中略汆烫后捞起。
3. 取锅，加入少许植物油，将盐、白糖和水煮匀后，放入做法2的全部材料略炒，再以水淀粉勾薄芡即可。

老烧蛋

材料

鸡蛋3个，香菇片、竹笋片各20克，胡萝卜、小黄瓜片、红辣椒片、姜片各10克，水200毫升

调料

素蚝油、酱油各1大匙，白糖、水淀粉、香油各1小匙

做法

❶ 鸡蛋打散，下锅煎成形后，取出备用；胡萝卜洗净切片。

❷ 将香菇片、竹笋片、胡萝卜片、小黄瓜片、红辣椒片、姜片放入锅中炒香，再加入鸡蛋与素蚝油、酱油、水、白糖煮至汤汁略干。

❸ 续加入水淀粉勾芡，并淋上香油即可。

素蟹黄珍珠菇

材料

胡萝卜1根，上海青50克，姜末5克，黑珍珠菇100克，素高汤（做法详见142页）200毫升

调料

盐、白胡椒粉、水淀粉、植物油各少许

做法

❶ 胡萝卜洗净，用汤匙刮成碎屑约100克；上海青洗净，对切，汆熟备用。

❷ 热锅倒入油，放入黑珍珠菇，加入盐及50毫升素高汤，略炒后装盘，摆上上海青。

❸ 另热锅，倒入植物油，将胡萝卜屑入锅以微火慢炒，炒4分钟至胡萝卜软化成泥状。

❹ 加入姜末炒香，再加150毫升高汤、盐（分量外）、白胡椒粉，以小火煮约1分钟后，用水淀粉勾薄芡，淋至黑珍珠菇上即可。

药材烧杏鲍菇

材料

杏鲍菇300克，胡萝卜50克，姜20克，冷开水100毫升

调料

素蚝油1大匙，白糖1小匙

中药材

当归2片，枸杞子10克，山药15克，桂枝5克，红枣5颗

做法

1. 杏鲍菇洗净，切成滚刀块；胡萝卜、姜洗净切片备用。
2. 杏鲍菇放入锅中干煸至出水。
3. 另起锅加水煮沸后，把桂枝、红枣、山药、当归和胡萝卜片、姜片一起放入，加上冷开水及所有调料烧20分钟。
4. 起锅前加入杏鲍菇和枸杞子即可。

姜汁豆腐

材料

家常豆腐1块，姜末1大匙，豆苗适量

调料

白糖1大匙，低筋面粉、酱油、植物油各适量

做法

1. 将所有调料（植物油除外）混合后，再放入少许姜末；豆苗洗净氽烫至熟。
2. 将豆腐切成4片，沾裹一层低筋面粉。
3. 平底锅中倒入适量植物油以中火烧热，将豆腐两面煎至稍为上色，再将做法1的酱汁淋入，煮至略收汁即盛盘，摆上豆苗、姜末装饰即可。

豆酱烧豆腐

材料

豆腐350克，金针笋、红辣椒丝、姜丝各10克，水2大匙

调料

黄豆酱50克，白糖1/2小匙，味精少许，植物油适量

做法

1. 金针笋洗净切丝；豆腐洗净切长条沥干。
2. 热油锅至油温约160℃，放入豆腐条炸至外表呈金黄色，捞出沥油备用。
3. 原锅留少许底油，爆香红辣椒丝、姜丝，放入黄豆酱炒香。
4. 放入金针笋丝、豆腐条、水及其余调料拌炒均匀至入味即可。

焖冬瓜

材料

冬瓜500克，姜30克，水400毫升

调料

酱油2大匙，白糖、植物油各少许

做法

1. 冬瓜去皮切块；姜洗净切片，备用。
2. 取锅，加入少许植物油，放入姜片炒香后，加入冬瓜块、水和其余调料焖煮至冬瓜熟透即可。

香椿酱烧百叶

材料

百叶豆腐250克，姜10克，红辣椒5克，香椿芽1大匙，水100毫升

调料

酱油1大匙，盐、白糖各少许，香油2大匙

做法

❶ 先将百叶豆腐洗净切块；香椿芽、姜和红辣椒洗净切末，备用。

❷ 热锅，加入2大匙香油，放入百叶豆腐块，煎至微焦后盛起。

❸ 热锅，加入姜末和红辣椒末炒香，再加入香椿芽末、百叶豆腐、水和所有调料，烧煮入味即可。

黄咖喱素腰花

材料

素腰花150克，土豆80克，胡萝卜50克，水600毫升

调料

素黄咖喱粉1大匙，盐1/2小匙，白糖1小匙，植物油适量

做法

❶ 土豆、胡萝卜去皮洗净，切小块，放入热油锅中略炸备用。

❷ 另热锅，锅中加入水及其余调料炒匀，加入素腰花与做法1的材料，以小火拌炒至食材软化即可。

素肉丝白菜

材料

素肉丝30克，大白菜500克，鲜香菇（中型）2朵，姜末5克，芹菜末5克，热水120毫升

调料

盐、白糖各1/4小匙，味精、醋、水淀粉各少许，植物油2大匙

做法

❶ 大白菜洗净切片；鲜香菇洗净切片。

❷ 热锅倒入植物油，爆香姜末、芹菜末，再放入鲜香菇片炒香。

❸ 放入大白菜片拌炒约2分钟，再加入素肉丝和醋、盐、白糖、味精拌炒均匀。

❹ 倒入热水煮开，用水淀粉勾薄芡即可。

花生拌面筋

材料

花生仁80克，面筋100克

调料

盐1/4小匙，酱油1大匙，白糖1/2小匙，植物油1大匙

做法

❶ 花生仁洗净，加入少许盐和适量水（材料外）泡软，再入沸水中汆烫，捞起沥干。

❷ 将花生仁放入电饭锅内锅中，加入可盖过花生仁的水，于外锅加入适量水，蒸至开关跳起后续闷约10分钟。

❸ 面筋切块，放入沸水中汆烫后捞起沥干，备用。

❹ 热锅，加入1大匙油，放入面筋、花生仁（含水）和其余调料，煮至入味即可。

第二章

下饭卤味菜

卤味菜以口感浓厚深受大家的喜爱。卤味菜是指将初步加工或者是焯水处理过的原料放在配好的卤汁中，腌制或是煮制而成的菜肴。不论是各类蔬菜或素食者常吃的豆类及其制品，只要调对卤汁，掌握好火候，都可以制作出下饭的卤味菜。

蔬菜卤汁

材料

卷心菜片、甘蔗各300克，胡萝卜块100克，白萝卜块、姜块各50克，香菜10克，水8000毫升，八角、小茴香、花椒各5克，草果10克

调料

盐、冰糖各100克，酱油300毫升，植物油适量

做法

1. 甘蔗洗净放在火炉上烤，烤香后剁块。
2. 将八角、小茴香、花椒、草果装进棉布袋里放入锅中。
3. 再将卷心菜片、甘蔗、胡萝卜块、白萝卜块、姜块、香菜、水放入锅中煮，加调料提味，将蔬菜煮软后捞出打成泥，放回卤汁中拌匀。
4. 续倒入适量植物油（材料外）拌匀，最后以小火慢熬90分钟即为蔬菜卤汁。

麻辣卤汁

材料

干辣椒、朝天椒粉各100克，花椒粉50克，姜末、芹菜各300克，水5000毫升

调料

辣椒酱600克，冰糖、素蚝油、黄豆酱各200克，植物油适量

卤包

陈皮、八角、丁香、沙姜各10克，桂枝、豆蔻各30克，罗汉果40克，桂皮、草果、孜然各20克

做法

1. 锅中加植物油、辣椒酱、朝天椒粉、素蚝油、黄豆酱、干辣椒、花椒粉拌匀。
2. 加冰糖、姜末、芹菜炒匀，加水倒入汤锅。
3. 把卤包放入锅中，以汤勺把汤汁淋在卤包上，使卤包的材料均匀渗出，最后以小火煮约2小时即为麻辣卤汁。

五香卤汁

材料

花椒3克，丁香、小茴香各2克，八角6克，桂皮、甘草各4克，乌龙茶茶叶15克，水1000毫升

调料

酱油150毫升，盐1大匙

做法

1. 将所有材料（水除外）装入棉质卤包袋中，再用棉线捆紧，即为五香卤包。
2. 取一个汤锅，将酱油及盐放入锅中，加入水以中火煮至水沸。
3. 将乌龙茶茶叶放入锅中一起煮，煮沸后再加入五香卤包，转小火继续煮沸约5分钟，至香味散发出来即可。

茶香卤汁

材料

茶叶100克，姜300克，水3000毫升

调料

盐、冰糖各50克，酱油50毫升，植物油少许

卤包

八角、甘草各10克，桂皮、月桂叶、草果、小茴香各5克，沙姜10克，丁香3克，红枣50克

做法

1. 姜洗净去皮切片，放入油锅中炒香，盛起备用。
2. 把水倒入卤锅中，放入其余调料、卤包材料、茶叶及姜片，以大火煮沸后转小火炖煮约30分钟即可。

水果卤汁

材料
甘蔗、苹果各300克，菠萝、哈密瓜、西芹各200克，柠檬100克，水8000毫升

调料
盐300克，冰糖100克

卤包
甘草30克，八角60克，草果100克，小茴香、月桂叶各40克，沙姜50克

做法
1. 所有材料去皮洗净、切块；卤包材料用清水稍微冲洗一下再放入棉布袋中，备用。
2. 锅中放入做法1的所有材料、水、卤包及所有调料，以大火煮沸后，转小火熬煮约2小时至香甜味出来即可。

素香卤汁

材料
姜、香菇蒂各50克，水1500毫升

调料
酱油450毫升，白糖100克

卤包
草果1颗，小茴香、甘草各3克，花椒4克，八角5克

做法
1. 将卤包材料中的所有香料放入卤包棉袋中，绑紧备用。
2. 姜洗净去皮拍松，与香菇蒂一起放入汤锅中，倒入水煮沸，加入酱油。
3. 待再次煮沸，加入白糖、卤包，改小火煮约20分钟至香味散发出来即可。

香菇卤素肉汁

材料

素肉400克，香菇12朵，酱瓜1块，香菜1根，水700毫升

调料

五香粉、冰糖各1小匙，素蚝油150毫升，植物油少许

做法

1. 素肉先用水泡软，再将水分挤干、切细末；香菇、香菜分别洗净切碎；酱瓜切成碎末，备用。
2. 热油锅，放入香菇碎以中火炒香，加入素肉末炒香，再加入酱瓜末、五香粉、素蚝油、冰糖、水，转大火煮沸。
3. 倒入砂锅中，以小火慢卤30分钟，起锅时撒上香菜即可。

菊花卤汁

材料

菊花、姜片各300克，甘蔗600克，水3000毫升

调料

盐100 克，冰糖50克

卤包

人参须、八角各50克，川芎、陈皮各10克，桂枝20克，甘草、枸杞子各30克

做法

1. 甘蔗洗净，放火炉上烤至香气溢出，剁成块，备用。
2. 把水倒入锅中，再放入菊花、姜片、卤包材料、其余调料及甘蔗，以大火煮沸后转小火熬煮约30分钟即可。

卤卷心菜

材料

卷心菜1/2棵，竹笋100克，泡发香菇60克，姜40克，素高汤（做法详见142页）400毫升

调料

酱油8大匙，白糖、植物油各2大匙

做法

1. 竹笋及泡发香菇洗净切小片；姜洗净切丝；卷心菜洗净，保留外观完整。
2. 热锅，加入2大匙油烧热，以小火爆香香菇片及姜丝。
3. 加入酱油、素高汤和白糖煮沸，再放入竹笋片及卷心菜。
4. 煮沸后盖上锅盖，转小火卤约30分钟至卷心菜软烂即可。

笋香焖面轮

材料

面轮60克，桂竹笋300克，姜片8克，红辣椒片10克，水400毫升

调料

酱油、植物油各2大匙，白糖1/2小匙，盐、香油各少许

做法

1. 面轮泡软，放入沸水中稍微汆烫一下后沥干，备用。
2. 桂竹笋洗净切段，放入沸水中汆烫，再捞起沥干，备用。
3. 热锅，加入2大匙植物油，放入姜片、红辣椒片爆香，放入面轮、桂竹笋段拌炒。
4. 续放入其余调料炒约1分钟，煮沸后转小火，将所有食材焖煮入味即可。

竹笋卤面筋

材料

面筋160克，竹笋150克，干香菇5朵，姜片10克，水200毫升

调料

酱油、素蚝油各1大匙，白糖适量，植物油2大匙

做法

1. 先将竹笋、面筋洗净，切成块状；干香菇洗净、泡软、对切，备用。
2. 取一油锅，加入2大匙植物油烧热，先放入姜片爆香，再放入香菇炒香，接着加入竹笋块、面筋块炒匀。
3. 续加入水和其余调料，卤至入味、汤汁收干，盛出撒上芹菜叶（材料外）即可。

卤双萝卜

材料

胡萝卜、白萝卜各600克，蔬菜卤汁（做法详见50页）1800毫升

调料

香油5毫升

做法

1. 胡萝卜、白萝卜削皮洗净，放入沸水中烫约20分钟去生味，备用。
2. 将蔬菜卤汁煮沸，放入萝卜，以小火卤约20分钟，熄火浸泡30分钟捞起。
3. 食用前切成大圆块状，再淋上香油，以香芹叶（材料外）装饰即可。

香卤百叶豆腐

材料

百叶豆腐	2块
香菇梗	30克
八角	2粒
姜片	10克
水	800毫升

调料

植物油	2大匙
酱油	80毫升
冰糖	1/2小匙
白胡椒粉	少许
五香粉	少许
香油	少许

做法

1. 百叶豆腐洗净；香菇梗洗净、泡水至软，备用。
2. 热锅，倒入植物油，放入香菇梗、姜片、八角爆香，加入酱油、冰糖、白胡椒粉、五香粉和水煮沸。
3. 加入百叶豆腐，以小火慢卤25分钟，再浸泡约10分钟，捞起百叶豆腐于表面抹上香油。
4. 食用时将百叶豆腐切片，淋上适量酱油（分量外），搭配少许小黄瓜丝（材料外）即可。

素瓜仔肉

材料

腌小黄瓜罐头1罐，素肉馅150克，姜末10克，水450毫升

调料

酱油1大匙，盐、白胡椒粉各少许，橄榄油2大匙

做法

1. 素肉馅洗净泡软，再放入沸水中略为汆烫，捞出沥干水分；小黄瓜切碎，酱汁保留，备用。
2. 热锅，加入2大匙橄榄油，爆香姜末，再放入素肉馅炒至香味散出。
3. 续加入水及其余调料拌匀，接着放入小黄瓜碎，将保留的酱汁倒入煮沸，以中火续煮约15分钟，再焖5分钟盛出，撒上少许香菜（材料外）即可。

豆皮卤白菜

材料

豆皮60克，干香菇2朵，大白菜600克，姜片10克，胡萝卜丝20克，香菜少许，水300毫升

调料

白糖1/2小匙，盐、香菇粉各1/4小匙，香油少许，植物油2大匙

做法

1. 豆皮泡软、切小片，再放入沸水中汆烫一下后捞起沥干；干香菇洗净、泡软切丝；大白菜洗净、切片，备用。
2. 热锅，加入2大匙植物油，放入姜片爆香至微焦后，加入香菇丝炒香。
3. 续放入胡萝卜丝、大白菜片和豆皮炒软，最后加入水和其余调料拌匀，卤至所有食材入味后，加入香菜即可。

素香菇炸酱

材料

干香菇蒂80克，豆干100克，姜30克，芹菜50克，水适量

调料

香油2大匙，白糖、植物油、豆瓣酱、甜面酱各适量

做法

1. 干香菇蒂泡水约30分钟，至完全软化后捞起沥干，放入料理机中打碎取出备用。
2. 豆干切小丁；姜和芹菜洗净切碎，备用。
3. 锅烧热，倒入植物油，以小火爆香姜末及芹菜碎，加入香菇蒂碎和豆干丁炒至干香。
4. 续加入豆瓣酱及甜面酱略炒香后加入白糖和水，煮沸后转小火续煮约5分钟至浓稠，最后再加入香油即可。

油焖桂竹笋

材料

桂竹笋900克，酸菜60克，水2000毫升

调料

黄豆酱5大匙，白糖2大匙，植物油5大匙

做法

1. 桂竹笋洗净，切圆段，放入沸水中汆烫。
2. 将酸菜洗净，剁碎备用。
3. 将做法1、做法2的所有材料放入锅中，加入水和所有调料。
4. 煮沸后，转小火焖煮50分钟即可。

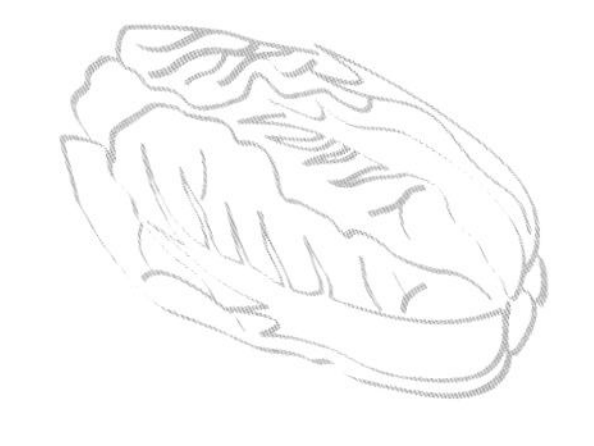

海带卤油豆腐

材料

海带结200克，油豆腐250克，姜片、红辣椒段各15克，白胡椒粒少许，水350毫升

调料

酱油2大匙，盐少许，白糖1/4小匙，植物油适量

做法

1. 海带结、油豆腐洗净，放入沸水中略汆烫后捞起备用。
2. 热锅，加入适量植物油，加入姜片、红辣椒段爆香，再放入白胡椒粒炒出香味。
3. 续加入调料、水、海带结和油豆腐煮沸，转小火卤约15分钟即可。

梅汁苦瓜

材料

白玉苦瓜1根，红辣椒1个，姜2片，话梅5颗，水350毫升，素高汤（做法详见142页）100毫升

调料

酱油、白糖各3大匙，盐1小匙，植物油适量

做法

1. 苦瓜去头尾对切（不去籽为佳），洗净；红辣椒洗净切斜片。
2. 热油锅，当油温烧至约170℃时，放入苦瓜，以中火炸至表皮呈金黄色时马上起锅沥油。
3. 另起油锅，爆香红辣椒片、姜片，再加入水及其余调料煮沸，放入苦瓜及话梅，以小火煮约30分钟即可。

味噌海带锅

材料
海带片150克，胡萝卜80克，竹笋100克，杏鲍菇80克，姜20克，水300毫升

调料
味噌3大匙，酱油、白糖各1大匙，香油1小匙

做法
1. 海带洗净切小片；竹笋、胡萝卜与杏鲍菇洗净切小块；姜洗净切末；味噌加入50毫升水（分量外）调匀备用。
2. 取锅，放入水、酱油、白糖煮沸，加入姜末、海带片、竹笋块、胡萝卜块与杏鲍菇块煮匀。
3. 续加入调匀的味噌，转小火煮约15分钟，最后淋上香油即可。

百叶卤莲藕

材料
百叶豆腐1条，莲藕300克，姜片20克，水300毫升

调料
辣豆瓣酱、酱油各3大匙，白糖2小匙，植物油少许

做法
1. 莲藕去皮洗净切小块；百叶豆腐洗净切厚片备用。
2. 热锅，倒入少许油烧热，放入姜片及辣豆瓣酱以小火爆香，再加入酱油、白糖及水煮沸。
3. 加入莲藕块及百叶豆腐片，盖上锅盖，转小火煮约20分钟，至莲藕软透，撒上少许香菜（材料外）即可。

花菇香卤萝卜

材料

花菇6朵，白萝卜600克，胡萝卜200克，姜片10克，水1200毫升

调料

盐、白糖各适量，生抽100毫升

做法

1. 花菇洗净泡软；白萝卜、胡萝卜洗净去皮、切块，备用。
2. 锅中加入水煮沸，放入白萝卜块、胡萝卜块、花菇、姜片和其余调料，待再度煮沸后转小火卤约25分钟即可。

卤牛蒡

材料

泡发香菇50克，胡萝卜100克，牛蒡300克，姜20克，水300毫升

调料

酱油5大匙，白糖、植物油各少许

做法

1. 牛蒡洗净去皮切小段；胡萝卜洗净切块；姜洗净切片。
2. 热锅加少许油，小火爆香姜片，加入酱油、白糖及水煮至沸。
3. 续加入香菇、胡萝卜块、牛蒡，盖上锅盖，以小火煮约30分钟至牛蒡全部软透，撒上少许香菜（材料外）即可。

红曲卤素肠

材料

素肠　200克
白萝卜　300克
姜　20克
鲜香菇　4朵
水　300毫升

调料

红曲酱　4大匙
素蚝油　1大匙
白糖　1小匙
植物油　适量
香油　1小匙

做法

1. 白萝卜去皮洗净，切长块状；香菇洗净去蒂头；姜洗净切末；素肠切小段备用。
2. 取一锅，加油烧热至150℃，放入素肠段炸至表面呈金黄色后取出，沥干油分。
3. 锅底留少许油，小火爆香姜末，再加入水、红曲酱、素蚝油、白糖煮开。
4. 加入炸素肠、白萝卜块、鲜香菇，盖上锅盖，转小火煮约20分钟至白萝卜软透，淋上香油，盛出撒上少许香菜（材料外）即可。

什锦素卤味

材料

杏鲍菇300克，鲜香菇200克，茭白80克，豆干60克，八角4粒，姜片50克，红辣椒1个，水1500毫升

调料

盐3大匙，酱油200毫升，冰糖80克，市售卤包1个

做法

1. 取锅，加入水、调料、红辣椒、八角和姜片，以小火焖煮约30分钟备用。
2. 将其余的材料洗净沥干，放入锅中卤约5分钟后关火，再泡10分钟即可。

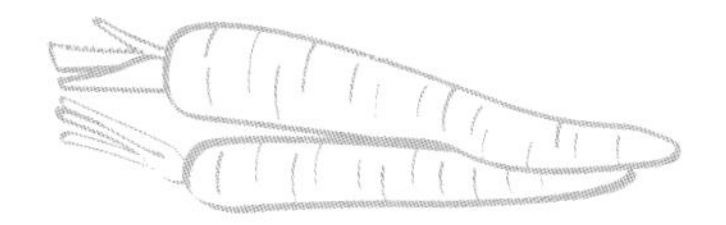

腐乳卤笋

材料

竹笋300克，水400毫升

调料

辣腐乳25克，白糖1大匙，香油1小匙，水淀粉、植物油各少许

做法

1. 竹笋洗净切长块后，再切十字花刀，放入沸水中略汆烫后，捞起沥干。
2. 取锅，加入少许植物油，加入竹笋块、辣腐乳、白糖、水焖煮至汤汁略收，加入水淀粉勾薄芡，淋入香油即可。

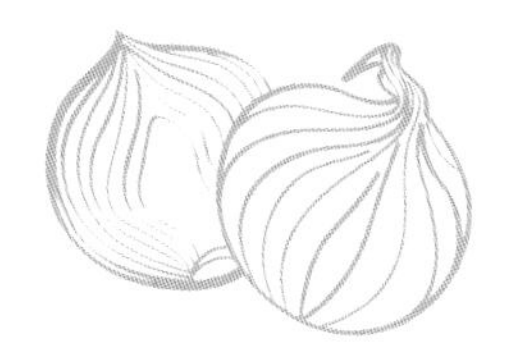

卤西红柿

材料

西红柿150克，金针菇50克，菊花卤汁（做法详见53页）500毫升

做法

1. 先将西红柿洗净切块；金针菇切除根部洗净，备用。
2. 将菊花卤汁煮沸后转中火，放入西红柿块和金针菇卤约1分钟捞出，盛盘后，撒入少许香菜（材料外）即可。

卤茭白

材料

茭白200克，茶香卤汁（做法详见51页）600毫升

调料

香油适量

做法

1. 茭白剥壳、削去粗纤维，洗净备用。
2. 将茶香卤汁煮沸，放入茭白，以中小火卤约3分钟至入味，捞起切块。
3. 食用前淋入香油拌匀即可。

茄汁萝卜球

材料

白萝卜300克，胡萝卜150克，水200毫升

调料

番茄酱3大匙，白糖1大匙

做法

1. 白萝卜和胡萝卜去皮洗净后，用挖球器挖成圆形球状，放入沸水中焖炖约25分钟至软备用。
2. 取锅，加入做法1的材料、水和所有调料煮至汤汁略干即可。

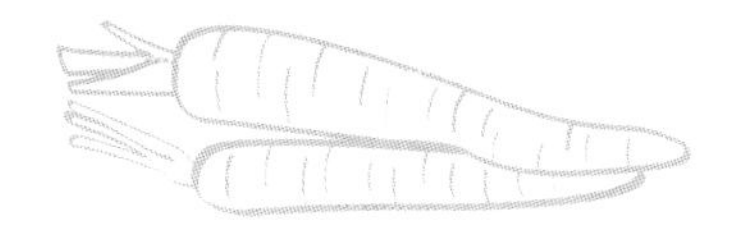

卤双花

材料

西蓝花、花菜各50克，蔬菜卤汁（做法详见50页）500毫升，

姜末酱

姜末50克，酱油400毫升，白糖30克，水300毫升

调料

盐水、香油各适量

做法

1. 西蓝花、花菜用剪刀剪成小朵，削去硬梗，放入盐水中泡约5分钟捞出沥干备用。
2. 将蔬菜卤汁煮沸，放入西蓝花、花菜，以中火卤约23分钟捞起。
3. 将姜末酱的所有材料混合，食用前淋入香油及姜末酱拌匀，撒上红甜椒丝（材料外）即可。

卤杏鲍菇

材料

杏鲍菇100克，蔬菜卤汁（做法详见50页）500毫升

调料

香油适量

做法

1. 杏鲍菇洗净，用干净的布吸干水分，切成滚刀块，备用。
2. 将蔬菜卤汁煮沸，放入杏鲍菇块，以中火卤约2分钟。
3. 食用前淋入香油拌匀，放上生菜叶和红甜椒末（皆材料外）装饰即可。

卤土豆

材料

土豆300克，蔬菜卤汁（做法详见50页）500毫升

调料

植物油500毫升

做法

1. 土豆洗净去皮，切滚刀块，泡水备用。
2. 热锅，倒入适量植物油烧热，待油温热至约140℃，放入土豆块略炸至呈金黄色后，捞出沥油。
3. 将蔬菜卤汁煮沸，放入土豆块，以中火卤约2分钟，盛盘，放上小黄瓜片和红甜椒丝（皆材料外）装饰即可。

卤芦笋

材料

芦笋150克，咸白萝卜丝、香芹叶各适量，蔬菜卤汁（做法详见50页）600毫升

姜末酱

姜末10克，酱油40毫升，白糖3克，水30毫升

做法

1. 芦笋削去根部及粗纤维，洗净切成段状，备用。
2. 将蔬菜卤汁煮沸，放入芦笋段，以中火卤约2分钟捞起，摆入盘中，以咸白萝卜丝和香芹叶装饰即可。
3. 将姜末酱材料拌匀，食用前淋入姜末酱拌匀即可。

卤海带

材料

海带片300克，蔬菜卤汁（做法详见50页）600毫升

调料

醋、香油各少许

做法

1. 海带片洗净，卷起来以牙签固定，备用。
2. 取锅，将海带片放入滴有醋的沸水中汆烫后，捞起沥干。
3. 将蔬菜卤汁煮沸，放入海带片，以小火卤约10分钟，熄火浸泡10分钟捞起。
4. 食用时将海带片切成块状并淋上香油拌匀，撒上少许香菜和红辣椒圈（皆材料外）装饰即可。

卤香魔芋粉

材料

竹笋1根，魔芋粉结300克，香菇卤素肉汁（做法详见53页）400毫升，水200毫升

调料

盐1/2小匙

做法

1. 竹笋去皮洗净，切滚刀块；魔芋粉结入沸水中汆烫后捞起，用冷水冲洗备用。
2. 锅中放入香菇卤素肉汁、水、盐煮开后，加入竹笋，转小火煮至竹笋快熟时，放入魔芋粉结再焖煮10分钟至入味，盛出放上罗勒叶（材料外）装饰即可。

麻辣卤花生

材料

花生仁100克，毛豆30克，胡萝卜20克，麻辣卤汁（做法详见50页）600毫升

做法

1. 花生仁洗净泡水1小时，取出沥干后放入电饭锅中，蒸约50分钟至软，备用。
2. 毛豆洗净；胡萝卜去皮洗净切丁，放入沸水中汆烫后捞起沥干，备用。
3. 将麻辣卤汁煮沸，放入花生仁、毛豆及胡萝卜丁，以中火卤约5分钟捞起即可。

卤鲜香菇

材料

新鲜香菇300克，水果卤汁（做法详见52页）600毫升

做法

1. 新鲜香菇洗净，用干纸巾擦干，表面切十字花，备用。
2. 将水果卤汁煮沸，放入新鲜香菇，以中火卤约3分钟捞起，装盘撒上香菜（材料外）即可。

卤芥蓝

材料

芥蓝200克，水果卤汁（做法详见52页）400毫升

调料

香油适量

做法

1. 芥蓝洗净备用。
2. 将水果卤汁煮沸，放入芥蓝，以中火卤约2分钟捞起。
3. 食用前切成段状，再淋入香油即可（可搭配酸菜一起食用）。

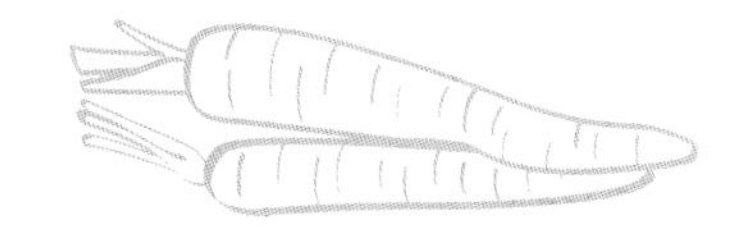

卤面肠

材料

面肠100克，蔬菜卤汁（做法详见50页）500毫升

调料

植物油10毫升

做法

1. 面肠洗净沥干备用。
2. 热锅，倒入适量植物油烧热，待油温热至约150℃，放入面肠略炸至呈金黄色后捞出沥油。
3. 将蔬菜卤汁煮沸，放入面肠，以小火卤约5分钟，熄火再浸泡15分钟捞起，撒上少许姜丝和红甜椒丝（皆材料外）即可。

卤素鸡

材料

素鸡200克，素鱼3片，蔬菜卤汁（做法详见50页）600毫升

调料

香油适量

做法

1. 素鸡、素鱼洗净沥干备用。
2. 将蔬菜卤汁煮沸，放入素鸡、素鱼，以小火卤约10分钟，熄火浸泡20分钟后捞起。
3. 食用前将素鸡、素鱼切成片状，再淋入香油拌匀，撒上少许香菜（材料外）即可。

素香油豆腐

材料

油豆腐3块，芹菜1棵，红辣椒1个，八角1粒，姜片2片，香菇素卤肉汁（做法详见53页）500毫升，香菜少许，水100毫升

做法

1. 油豆腐用水冲洗去油；芹菜、红辣椒分别洗净，切段备用。
2. 砂锅中放入所有材料和香菇卤素肉汁，以大火煮沸后，转小火慢卤20分钟熄火，盖上锅盖再闷10分钟，盛出撒上香菜即可。

麻辣百叶豆腐

材料

百叶豆腐150克，香芹叶少许，麻辣卤汁（做法详见50页）500毫升

调料

植物油适量

做法

1. 百叶豆腐洗净，切成1厘米的厚片，备用。
2. 热锅，倒入适量植物油待油温热至150℃，放入百叶豆腐炸至呈金黄色后，捞出沥油。
3. 将麻辣卤汁煮沸，放入百叶豆腐，以中火卤约5分钟，熄火浸泡10分钟捞起盛盘，装饰以香芹叶即可。

麻辣油豆腐

材料

油豆腐100克，豆角适量，麻辣卤汁（做法详见50页）400毫升

做法

❶ 将麻辣卤汁煮沸，放入油豆腐，以中小火卤约5分钟，熄火浸泡20分钟捞起。

❷ 食用前取出油豆腐切块，摆上烫熟的豆角装饰即可。

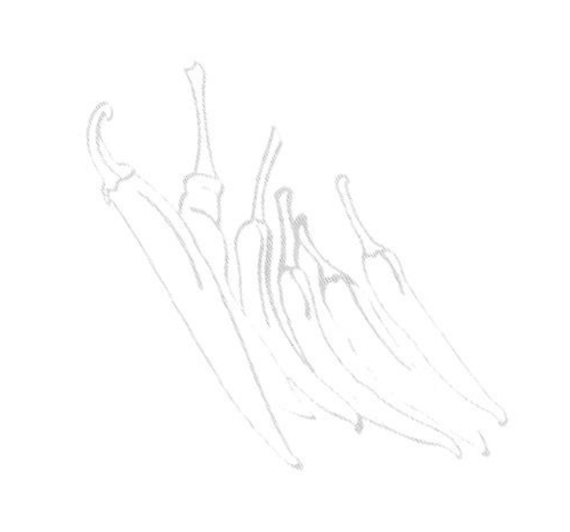

香卤素肚

材料

素猪肚2个，香芹叶适量，素香卤汁（做法详见52页）2000毫升

调料

香油10毫升，植物油适量

做法

❶ 热油锅至油温约150℃，放入素肚以大火炸约3分钟至表面呈金黄色，捞出沥干油分，备用。

❷ 素香卤汁煮沸后放入素肚，改小火让卤汁保持在略为沸腾状态。

❸ 约10分钟后熄火，再浸泡20分钟左右，取出沥干后刷上香油，盛盘，用香芹叶装饰即可。

麻辣花干

材料

花干2块，酸菜适量，麻辣卤汁（做法详见50页）500毫升

做法

1. 将麻辣卤汁煮沸，放入花干，以中小火卤约5分钟，熄火浸泡15分钟，捞起切块。
2. 食用前加入酸菜拌匀即可。

卤豆皮

材料

豆皮100克，茶香卤汁（做法详见51页）600毫升

做法

1. 先将豆皮泡入冷水中，至软后取出。
2. 将茶香卤汁煮沸，放入泡软的豆皮，转小火卤约3分钟至入味，食用前切片即可。

五香豆干

材料

五香豆干5片，香芹叶、红辣椒丝各适量，素香卤汁（做法详见52页）2000毫升

调料

香油适量

做法

1. 五香豆干洗净后沥干水分，备用。
2. 素香卤汁煮沸，放入五香豆干，改小火，让卤汁保持略沸腾的状态。
3. 卤约10分钟后熄火，浸泡约50分钟，取出沥干水分，切片刷上香油，盛盘用香芹叶和红辣椒丝装饰即可。

卤四方豆干

材料

四方豆干100克，香菜、红辣椒圈、姜丝各适量，茶香卤汁（做法详见51页）400毫升

做法

1. 先将四方豆干用水洗净。
2. 将茶香卤汁煮沸后，放入四方豆干，转中火卤约10分钟后再泡20分钟。
3. 食用前将卤好的四方豆干切成条状，用香菜、红辣椒圈和姜丝装饰即可。

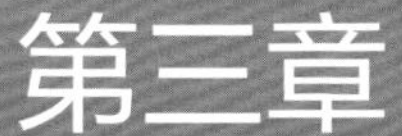

第三章 色香请客菜

在现代社会，越来越多人的健康被“三高”问题威胁着，抛去那些油腻腻的荤菜，聚会的餐桌会显得有些寡淡，那么以素食请客怎么做才最夺目呢？想让客人吃得赞不绝口的话，本章节将教您做出任何人都会爱上的素菜。

干煸豆角

材料

豆角200克，泡发香菇30克，姜末15克，水适量

调料

辣椒酱1大匙，酱油2小匙，植物油适量

做法

1. 豆角洗净切段状；香菇洗净切末备用。
2. 热锅，倒入适量植物油烧至约180℃，将豆角段下锅炸约1分钟至微黄后，捞起沥干油。
3. 锅留底油烧热，小火爆香姜末及香菇末，再加入辣椒酱、酱油和水拌炒均匀。
4. 加入豆角，炒至汤汁收干即可。

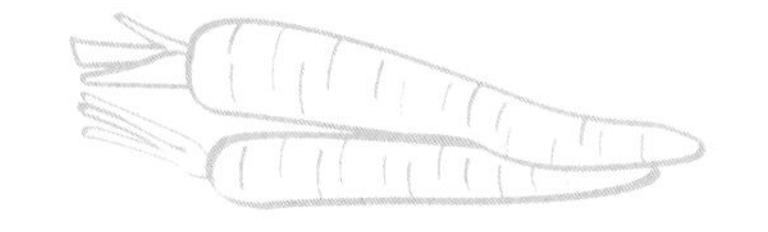

酱炒炸面肠

材料

面肠200克，红辣椒4个，姜末适量，红薯粉2大匙，水2小匙

调料

酱油、白糖各5大匙，番茄酱1大匙，醋1小匙，淀粉1/2小匙，植物油适量

做法

1. 面肠切成小块，均匀沾裹上红薯粉备用。
2. 红辣椒洗净对切；酱油、番茄酱、醋、白糖、水、淀粉及姜末混合成调味汁。
3. 热锅，倒入植物油烧热至约160℃，放入面肠块大火炸2分钟，微焦后捞起。
4. 锅留底油，放入红辣椒小火煎至略焦后，再放入炸面肠块大火快炒5秒，最后边炒边将调味汁淋入炒匀，盛盘装饰以香芹叶（材料外）即可。

酱香茄子

材料

茄子300克，黑木耳末、姜末、芹菜末各10克，马蹄末30克，水50毫升

调料

辣椒酱1大匙，酱油、白糖、水淀粉各1小匙，植物油适量

做法

1. 茄子洗净切圆形块，放入150℃的油锅中略炸约15秒，捞起沥油备用。
2. 锅留底油，放入其余的材料炒香，加入其余调料快炒均匀，加入茄子略拌炒即可。

三杯豆腐

材料

板豆腐5块，姜片15克，红辣椒片10克，罗勒叶25克

调料

酱油、香油各2大匙，素蚝油、白糖各1小匙，植物油少许

做法

1. 板豆腐洗净，沥干后切小块，放入170℃的油锅中，略炸至表面呈金黄后，捞出沥油备用。
2. 热锅，倒入香油，放入姜片、红辣椒片炒至微焦香，再放入板豆腐块，加入其余调料拌炒均匀。
3. 起锅前加入洗净的罗勒叶装饰即可。

红烧豆腐

材料

板豆腐4块，干香菇2朵，胡萝卜丝15克，芹菜段20克，水150毫升

调料

酱油1大匙，盐少许，植物油2大匙

做法

❶ 板豆腐洗净沥干、切厚片；干香菇泡软后切丝，备用。

❷ 热锅，加入油，再将板豆腐片放入锅中，煎至两面微焦后加入香菇丝炒香，再放入胡萝卜丝炒香。

❸ 续放入水和其余调料拌匀，煮约1分钟后，加入芹菜段烧煮至所有食材入味即可。

糖醋素排

材料

山药条100克，青椒片、红甜椒片各60克，苹果片30克，菠萝片80克，油条适量，玉米粉40克，鸡蛋液130克，水310毫升

调料

低筋面粉50克，番茄酱、白糖、醋各2大匙，盐、水淀粉、植物油各适量

做法

❶ 油条剪段，再从中间剪出一个小洞，塞入山药条，再沾上低筋面粉、玉米粉、鸡蛋液和60毫升水混合的面糊。

❷ 以160℃油温炸山药油条至酥脆；青椒片、红甜椒片放入油锅过油，捞出沥油。

❸ 锅留底油，加入水及除水淀粉以外的调料煮沸，倒入水淀粉勾芡，加山药油条、苹果片及菠萝片、青椒片、红甜椒片拌匀即可。

蚝油鲍鱼菇

材料

鲍鱼菇120克，姜末、上海青各适量，素高汤（做法详见142页）80毫升

调料

素蚝油2大匙，白胡椒粉1/4小匙，盐适量，水淀粉1小匙，香油1大匙，植物油少许

做法

1. 鲍鱼菇洗净切斜片；上海青洗净剖成4瓣。
2. 将鲍鱼菇及上海青分别汆烫后备用。
3. 热锅，放入少许植物油，将上海青下锅，加入少许盐炒匀后起锅，围在盘上装饰。
4. 另热锅，倒入少许植物油，以小火爆香姜末，放入鲍鱼菇及素高汤、素蚝油、白胡椒粉，以小火略煮约半分钟后，以水淀粉勾芡，加入少许盐，洒上香油拌匀，装入盘中即可。

豆豉草菇

材料

草菇100克，豆豉30克，红辣椒末20克，姜末10克，青椒丁50克，红薯粉适量

调料

酱油2大匙，白糖1大匙，香油、植物油各少许

做法

1. 草菇洗净对切，放入沸水中汆烫，沾红薯粉后，再放入沸水中略汆烫，捞起沥干。
2. 取锅烧热，加入少许植物油，放入其余材料和调料拌炒后，最后放入草菇略拌炒均匀即可。

辣子素鸡丁

材料

猴头菇150克，小黄瓜块80克，姜片20克，红辣椒片30克，水45毫升

调料

辣椒酱、白糖、水淀粉各1大匙，酱油、辣油各1小匙，香油、植物油各少许

做法

1. 猴头菇洗净撕成块状，沾上混合拌匀的面糊（材料外），放入140℃的锅中炸至外观呈金黄色，捞起沥油备用。
2. 取锅烧热，加入少许植物油，放入小黄瓜块、姜片、红辣椒片、水和调料（水淀粉、香油除外）炒香，加入猴头菇块拌炒均匀。
3. 以水淀粉勾芡，再淋上香油即可。

椒盐素里脊

材料

姜末、红辣椒末各5克，罗勒末10克，杏鲍菇80克，水40毫升

调料

低筋面粉80克，盐1/2小匙，白胡椒粉少许，植物油适量

做法

1. 杏鲍菇洗净切粗条状后，沾裹混合拌匀的低筋面粉和水后，以150℃油温炸至金黄，取出沥干油备用。
2. 热锅，将姜末、红辣椒末、罗勒末放入锅中炒香。
3. 再加入炸过的杏鲍菇及其余调料搅拌均匀即可。

红咖喱酿豆腐

材料

四角油豆腐6块，素火腿、竹笋各10克，香菇1朵，青豆6颗，胡萝卜5克，上海青适量，水300毫升

调料

素红咖喱酱、香油各1大匙，白糖1小匙，白胡椒粉少许

做法

1. 素火腿、香菇、竹笋、胡萝卜洗净切成末状，混合备用。
2. 将油豆腐中间挖空，塞入做法1的材料以及青豆。
3. 锅中放入油豆腐包、水及所有调料，以小火焖煮至汤汁略干、食材入味即可。
4. 盛盘后，用汆烫熟的上海青围边装饰。

素佛跳墙

材料

香菇10朵，栗子10颗，脆笋、芋头各150克，素排骨酥100克，素肚1/2个，红枣10颗，银杏12颗，姜片15克，水1300毫升

调料

盐、白糖各3克，酱油、白胡椒粉、醋各少许，植物油适量

做法

1. 香菇泡软沥干；栗子泡软去皮；芋头去皮洗净切块；素肚洗净切块；红枣洗净；银杏、脆笋泡水2小时，放入沸水汆烫捞起。
2. 香菇、栗子、芋头、素肚放入热油锅中，依序略炸，捞起备用。
3. 锅烧热加油，加姜片、水及其余调料煮沸。
4. 将所有材料放入容器中，再盖上3层保鲜膜，最后放入蒸笼中蒸90分钟即可。

黄袍腐皮卷

材料

盒装豆腐	1盒
腐皮	4张
碎萝卜干	80克
泡发香菇	60克
竹笋丁	80克
姜末	10克

调料

面粉	2大匙
植物油	适量
酱油	1大匙
白胡椒粉	1/4小匙
香油	1小匙

做法

1. 碎萝卜干洗净，挤干水分；香菇洗净切末。
2. 热锅加入少许植物油，小火爆香姜末后，加入香菇末、竹笋丁炒香，再加入碎萝卜干炒至干香，加入酱油、白胡椒粉及香油炒匀后放凉。
3. 盒装豆腐对切后，再横切成厚约0.5厘米的大片；将面粉用水调匀成稀糊备用。
4. 腐皮切成3等份，在每张腐皮上铺上1片豆腐片，再加上1大匙做法2的材料，包成春卷的形状，收口处用面粉糊粘紧。
5. 热一锅油，加热至约120℃，将做法4的腐皮卷下锅炸至金黄色，盛盘装饰以香芹叶（材料外）即可。

红烧素鱼块

材料

鲍鱼菇100克，竹笋片30克，香菇片20克，红辣椒片、姜片各10克，小黄瓜片40克，水230毫升

调料

中筋面粉40克，酱油2大匙，香油、白糖各1大匙，植物油适量

做法

1. 鲍鱼菇洗净切厚片，沾上混合拌匀的中筋面粉和30毫升水，放入140℃的油锅中炸至外观呈金黄色，捞起沥油备用。
2. 锅留底油，放入其余材料和调料炒香后，加入鲍鱼菇焖煮至汤汁略收即可。

素肉末炒粉丝

材料

粉丝2把，素肉末50克，香菇末20克，姜末10克，红辣椒末5克，水200毫升

调料

辣椒酱、酱油、白糖各1大匙，白胡椒粉1/2小匙，植物油适量

做法

1. 粉丝泡冷水至软，捞起备用。
2. 热油锅，将素肉末、香菇末、姜末、红辣椒末放入锅中炒香，再加入水及所有调料炒匀后，加入粉丝拌炒均匀，盛盘撒上少许香菜（材料外）即可。

宫保素鱿鱼

材料

魔芋120克，姜片20克，青椒片50克，干红辣椒段30克，花椒粉3克，水2大匙

调料

酱油、水淀粉各1大匙，白糖、醋、辣油各1小匙，胡椒粉1/2小匙，香油2小匙，植物油少许

做法

1. 魔芋切十字花刀后，再切成小片状，放入沸水中略氽烫后，捞起沥干备用。
2. 热锅，加入少许植物油，先放入姜片、青椒片、水和其余调料爆香，再加入魔芋片和干红辣椒段、花椒粉拌炒均匀即可。

三杯杏鲍菇

材料

杏鲍菇500克，罗勒叶25克，姜30克，红辣椒15克

调料

酱油、香油各2大匙，素蚝油1大匙，白糖1小匙

做法

1. 杏鲍菇洗净，切滚刀块；罗勒叶洗净沥干；姜、红辣椒皆洗净切片备用。
2. 热一锅油，放入杏鲍菇块略炸，再捞起沥干备用。
3. 热锅，倒入香油，放入姜片炒至卷曲且香味散出，再放入红辣椒片、杏鲍菇块拌炒均匀。
4. 续加入其余调料炒匀，最后放入罗勒叶炒至所有材料入味且香味散出即可。

生菜素虾松

材料

豆腐1盒，香菇末、胡萝卜末、姜末各20克，竹笋末40克，芹菜末、马蹄末各30克，油条80克，生菜300克

调料

盐、香油各1大匙，白糖、白胡椒粉各3克，水淀粉2大匙，植物油适量

做法

1. 豆腐切小丁状，放入沸水中略汆烫以去除生豆味，捞起沥干。
2. 油条放入140℃的油锅中略炸，压碎备用。
3. 取锅烧热，加入少许植物油，放入其余材料（生菜除外）和其余调料拌炒均匀后，加入豆腐丁略拌炒盛盘。
4. 生菜洗净，剪成小碗状，先铺上适量的油条碎，再放上适量做法3的材料即可。

腐皮卷

材料

腐皮3张，小黄瓜丝、胡萝卜丝、竹笋丝、绿豆芽各50克，生菜适量，发菜、淀粉各10克，水60毫升

调料

中筋面粉80克，盐1/2小匙，酱油、香油、水淀粉各1大匙，胡椒粉、五香粉各1小匙，植物油适量

做法

1. 小黄瓜丝、发菜、胡萝卜丝、竹笋丝、绿豆芽和调料（水、植物油除外）混合拌匀成内馅；中筋面粉、淀粉、水、植物油拌匀成面糊，备用。
2. 腐皮分3等份切三角形，平铺后放入适量的内馅包成春卷状，沾上面糊，放入140℃的油锅中炸至外观呈金黄酥脆状，捞起沥油，以生菜铺底，将腐皮卷盛盘即可。

糊辣素鸡球

材料

杏鲍菇150克，干红辣椒段100克，红辣椒末、姜末各5克，花生末10克，水50毫升

调料

低筋面粉80克，辣椒酱1小匙，白糖、白胡椒粉各1/2小匙，香油、辣油各1大匙，植物油适量

做法

1. 杏鲍菇洗净，以滚刀方式切成块状后，沾裹上混合好的低筋面粉和水，以150℃油温炸至金黄色。
2. 热油锅，将姜末、干红辣椒段、红辣椒末放入锅中炒香，再加入杏鲍菇与其余调料快炒均匀，撒上花生末即可。

炒素鳝糊

材料

干香菇100克，姜丝30克，红辣椒丝10克，芹菜段40克，香菜20克，水150毫升

调料

酱油2大匙，醋、白糖、水淀粉各1大匙，白胡椒粉、香油各1小匙，植物油、淀粉各适量

做法

1. 干香菇泡入水中至软，先剪成长条状，再分剪成长段状，沾淀粉后，放入140℃油锅中炸至干香，捞起沥油。
2. 锅留底油，放入姜丝、红辣椒丝和芹菜段炒香后，放入做法1的材料、混合拌匀的调料（香油除外）和水焖煮至入味后，盛入盘中。
3. 放入香菜，淋入烧热的香油即可。

银杏烧素鳗

材料

银杏80克，素鳗鱼4条，胡萝卜20克，金针笋40克，姜10克，水100毫升

调料

白糖、香菇粉各1/4小匙，盐、醋、香油各少许，素蚝油、植物油各1大匙，水淀粉适量

做法

1. 素鳗鱼洗净切段，放入油温约160℃的油锅中，炸至酥脆上色，捞出沥油，备用。
2. 金针笋洗净切段；姜洗净切片；胡萝卜洗净切片；胡萝卜片和银杏用热水汆烫。
3. 锅留余油，爆香姜片，加入金针笋快炒。
4. 再加入银杏、胡萝卜片，放入水和调料（香油、水淀粉除外）煮沸，放入素鳗鱼段，倒入适量水淀粉勾芡，再淋上香油即可。

芥菜素干贝

材料

芥菜120克，茭白100克，胡萝卜40克，姜20克

调料

盐、白糖各1小匙，水淀粉2大匙

做法

1. 芥菜洗净，切菱形片状；胡萝卜洗净切片状；姜洗净切菱形片。将上述材料放入沸水中汆烫至熟，捞起即可。
2. 茭白洗净，刨掉绿皮，切成圆柱状，放入沸水中略汆烫至软，即可捞起。
3. 将以上材料摆入盘中，淋上混合拌匀煮沸的调料即可。

香菇扒上海青

材料

上海青5棵，香菇5朵，竹笋1个，水3大匙，素高汤（做法详见142页）适量

调料

盐、白糖、香油各1小匙，素蚝油、水淀粉各1大匙，植物油适量

做法

1. 香菇去蒂洗净泡软；竹笋洗净切块；上海青洗净汆烫后摆盘，备用。
2. 热油锅至油温约160℃，放入香菇和竹笋块炸约3分钟，捞出沥干油分备用。
3. 另热一锅，加入香菇、竹笋、水、素高汤以及其余调料拌炒均匀，起锅倒入盛放上海青的盘中即可。

锅巴香辣素鸡

材料

杏鲍菇150克，豆酥100克，干红辣椒段30克，锅巴20克，水30毫升

调料

低筋面粉40克，辣椒酱1小匙，白糖、植物油各适量

做法

1. 杏鲍菇洗净切块，沾上混合拌匀的低筋面粉和水，放入140℃的油锅中炸至呈金黄，捞起沥油备用。
2. 锅巴放入油锅中炸至酥脆，捞起，压碎。
3. 另取锅，放入豆酥、水和其余调料炒至香酥后，加入干红辣椒段拌炒均匀，再加入做法1、做法2的材料略拌炒，盛盘撒入少许香菜（材料外）即可。

素镶翡翠椒

材料
青辣椒12个，板豆腐150克，豆干60克，胡萝卜50克，泡发香菇30克，姜末20克，西蓝花2朵，水100毫升

调料
淀粉2大匙，香油1小匙，酱油、白糖各适量

做法
1. 青辣椒切去头尾、去籽洗净；豆干、胡萝卜及香菇洗净切末；板豆腐用开水氽烫1分钟，放凉压成泥，加入豆干末、香菇末、胡萝卜末、姜末，与白糖、酱油、淀粉、香油拌成馅。
2. 将馅料装进塑料袋内，剪开一小角，挤入青辣椒内，排入锅中，加入适量酱油、白糖和水，加盖以中火煮开后，转小火煮5分钟，盛盘，放上烫熟的西蓝花装饰即可。

双菇豆腐煲

材料
板豆腐250克，蟹味菇200克，香菇5朵，胡萝卜片、姜片各20克，竹笋片40克，西蓝花80克，水150毫升

调料
素蚝油2大匙，白糖、香油各1小匙，白胡椒粉1/2小匙，水淀粉、植物油各适量

做法
1. 蟹味菇及香菇洗净去蒂；板豆腐洗净切厚片；西蓝花洗净分切成小朵。
2. 板豆腐片放入180℃的油锅中，大火炸2分钟至表面金黄，捞起沥干。
3. 锅留底油，爆香姜片，加入水、素蚝油、白糖及白胡椒粉，放入豆腐片、蟹味菇、香菇、胡萝卜片、西蓝花、竹笋片煮沸3分钟，用水淀粉勾芡，洒上香油即可。

炸香酥腐皮

材料

腐皮3张，竹笋100克，干香菇2朵，鲜香菇5朵，胡萝卜70克，面糊、细面、香菜各适量

调料

白糖1小匙，香油、酱油各1大匙，盐、水淀粉、白胡椒粉各少许，植物油适量

做法

1. 将腐皮切成长条状备用。
2. 干香菇泡水至软、切碎；鲜香菇洗净去蒂后与洗净的胡萝卜、竹笋都切成碎状。
3. 热锅，倒入1大匙香油，加入做法2的所有材料炒香，加调料（面糊除外）炒成馅。
4. 炒好的馅料放冷，取适量放在腐皮上，包成三角形，以面糊封口。
5. 将做法4的材料和细面放入油温170℃的油锅中，炸成金黄色，捞出用香菜装饰即可。

双笋煲腐竹

材料

腐竹80克，干香菇6朵，玉米笋50克，金针笋40克，胡萝卜片25克，姜片10克，宽粉条60克，水150毫升

调料

酱油1小匙，素蚝油1/2大匙，盐、白糖各1/4小匙，香菇粉少许，植物油2大匙

做法

1. 腐竹泡软切段；干香菇、宽粉条泡软。
2. 玉米笋、金针笋洗净切段。
3. 热锅，加入2大匙植物油，爆香姜片，放入香菇炒香，再放入胡萝卜、玉米笋、金针笋拌炒均匀。
4. 续放入腐竹段、水和调料炒匀，煮沸，倒入宽粉条，再将所有材料转倒入砂锅中，煮至入味即可。

糖醋山药

材料

山药	300克
青椒	60克
红甜椒	60克
菠萝	60克
姜末	10克
红薯粉	适量
水	3大匙

调料

水淀粉	适量
植物油	适量
番茄酱	2大匙
盐	1/4小匙
白糖	1大匙
醋	1大匙

做法

1. 山药去皮洗净切块，再沾上红薯粉，备用；青椒、红甜椒各洗净，去蒂头和籽后切块；菠萝切片。
2. 将山药块放入油锅中炸熟，并炸至表面呈金黄色，捞起沥油备用；再放入青椒块、红甜椒块稍微过油后，捞起沥油备用。
3. 热锅，倒入少许橄榄油（材料外），放入姜末爆香，加入除水淀粉外的调料和水煮沸并煮匀，以水淀粉勾芡后加入做法2的所有材料、菠萝片拌匀即可。

素火腿吐司

材料

素火腿150克，厚片吐司3片，菠萝片6片，水100毫升

调料

白糖100克，蜂蜜30克

做法

1. 素火腿切厚片状，加入和水混合拌匀的调料，放入电饭锅中蒸15分钟（外锅加入适量水）备用。
2. 厚片吐司对切成2份，再切蝴蝶刀后，取1片素火腿和2片菠萝片夹入，重复此做法至吐司用完即可。

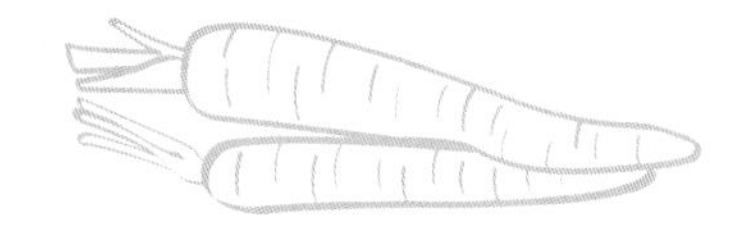

香菇盒子

材料

干香菇120克，素火腿肉末50克，姜末10克，素高汤（做法详见142页）200毫升，生菜60克

调料

中筋面粉30克，酱油、素沙茶酱、白糖各1小匙，五香粉少许

做法

1. 干香菇洗净泡软，加入素高汤中煮约15分钟，取出沥干备用。
2. 生菜洗净切丝，放入沸水中略汆烫后，捞起铺在盘底。
3. 其余材料和混合拌匀的调料拌匀，填入香菇中，放入电饭锅内蒸至开关跳起（外锅加适量水），取出放在生菜丝上即可。

橙汁素排

材料
油条200克，芋头150克，柳橙（去皮）1个，熟白芝麻适量，橙汁500毫升

调料
白糖、醋各1小匙

做法
1. 芋头洗净去皮，切厚片状，放入电饭锅中蒸软（外锅加适量水），压成泥状。
2. 油条切成长段，挖空后填入芋头泥，放入140℃的油锅中，炸至酥脆，捞起沥油。
3. 取柳橙果肉，切小丁备用。
4. 取锅，加入橙汁和调料拌煮均匀，再加入柳橙果肉丁和做法2的材料略拌匀后盛盘，撒上熟白芝麻即可。

什锦烩豆花

材料
豆花块300克，香菇丁10克，毛豆50克，胡萝卜丁30克，上海青8棵，姜末适量，素高汤（做法详见142页）100毫升

调料
盐、白糖各1/4小匙，白胡椒粉少许，水淀粉1大匙，香油1小匙，植物油适量

做法
1. 烧一锅水，加入少许盐，放入洗净的上海青烫熟，沥干水分，排入深盘围边装饰。
2. 将胡萝卜丁、香菇丁、毛豆汆烫后沥干。
3. 另起锅倒入植物油，小火爆香姜末，加入香菇丁、胡萝卜丁、毛豆、素高汤、豆花块及盐、白糖、白胡椒粉，煮沸后，以水淀粉勾芡，洒上香油，盛入盘中即可。

黑胡椒素肉排

材料

芋头150克，青椒丁、黄甜椒丁、红甜椒丁各20克，水130毫升

调料

中筋面粉40克，黑胡椒粒、素蚝油、植物性奶油各1大匙，白糖1小匙，植物油适量

做法

1. 芋头洗净去皮切厚片状，放入电饭锅中蒸软（外锅加适量水），压成泥状后，沾上混合拌匀的中筋面粉和30毫升水，放入140℃的油锅中炸至外观呈金黄色，捞起沥油，盛盘备用。
2. 另取锅，加入少许植物油烧热，放入其余的材料和调料拌炒均匀后，淋在做法1的素肉排上即可。

糖醋豆肠

材料

豆肠250克，青椒、红甜椒、黄甜椒各40克，姜末10克，水250毫升

调料

番茄酱、白糖、醋各2大匙，水淀粉、植物油各适量，盐少许

做法

1. 豆肠炸过后切段；青椒、红甜椒、黄甜椒各洗净，去蒂头和籽后切片，备用。
2. 热锅，倒入少许植物油，放入姜末爆香，放入青椒、甜椒片拌炒，再加入水和所有调料（水淀粉除外）煮沸并煮匀，加入豆肠段炒匀，最后以水淀粉勾芡，出锅即可。

脆皮素肥肠

材料

八角、香菜、红辣椒丝各少许，面肠150克，水300毫升

调料

酱油2大匙，白糖1大匙，白胡椒粉、淀粉、植物油各适量

做法

1. 热锅，将水、酱油、白糖、八角一起放入锅中煮沸，即为卤汁。
2. 将面肠放于卤汁中卤约10分钟捞起，沾裹淀粉。
3. 热一锅油，将面肠用140℃油温炸至金黄色后，捞出沥干油，再切段状，装饰香菜和红辣椒丝，蘸白胡椒粉食用即可。

炸素肠

材料

豆皮2张，面肠400克，姜泥10克，红薯粉30克，面糊适量，小黄瓜片适量

调料

红曲酱30克，白糖1/4小匙，盐、植物油各适量

做法

1. 2张豆皮剪成6小张备用。
2. 面肠洗净沥干撕小片，再加入所有调料（植物油除外）和红薯粉拌匀。
3. 取1小张豆皮，取适量做法2的材料卷上，封口抹上面糊，重复此做法至豆皮用完。
4. 油锅烧热，放入做法3的素肠，以小火炸至金黄、素肠浮起，再转大火炸至上色，捞出沥油。
5. 待微凉，切成片状，与小黄瓜片交错摆盘，装饰以香芹叶（材料外）即可。

香菇素卷

材料

豆皮5片，香菇丝15克，芹菜段、胡萝卜丝各30克，竹笋丝50克，面糊、香芹叶各适量

调料

盐、白糖各1/4小匙，白胡椒粉少许，植物油适量，香油1大匙

做法

1. 热锅入香油，先放入香菇丝稍微拌炒，放入胡萝卜丝、竹笋丝、芹菜段拌炒均匀，最后加入盐、白糖、白胡椒粉炒至入味。
2. 将豆皮铺平，放入适量做法1的材料后卷起，尾端抹上少许面糊卷紧。重复此做法至豆皮和做法1的材料用完。
3. 热锅，加入适量植物油，将做法2的豆皮卷封口朝下放入锅中，以中小火慢慢煎至豆皮卷表面焦香，盛盘装饰以香芹叶即可。

红烧咖喱素肉

材料

面肠3条，水100毫升，红薯粉、卷心菜丝、香菜各适量

调料

素红咖喱酱50克，植物油、胡椒盐各适量

做法

1. 面肠直剖对半，加入素红咖喱酱与水抹匀，用牙签撑开略腌。
2. 腌好的面肠取下牙签，均匀沾裹红薯粉，用160℃的热油炸至呈香酥状。
3. 将炸好的面肠捞起沥油，切片，用卷心菜丝铺盘，放上面肠，撒上香菜，食用时蘸取胡椒盐即可。

宫保面筋

材料

面筋250克，干红辣椒段、姜末各10克，花椒粒5克，青椒片30克，花生仁40克，水70毫升

调料

酱油1/2大匙，盐少许，白糖1/4小匙，淀粉1小匙，植物油适量

做法

1. 面筋洗净切小块。
2. 面筋放入热油锅中稍微炸至定型，转大火炸至上色后捞起沥干。
3. 热锅，放入姜末、花椒粒以小火爆香，再放入干红辣椒段炒香。
4. 续加入面筋块、青椒片拌炒。
5. 接着加入其余调料和水拌匀，炒至面筋块入味后，加入花生仁拌匀即可。

三色面轮

材料

面轮100克，土豆200克，胡萝卜50克，西蓝花40克，姜片10克，水300毫升

调料

盐1/4小匙，生抽少许，白糖1小匙，植物油2大匙

做法

1. 面轮泡软，放入沸水中汆烫后捞起，沥干切圆形厚片，备用。
2. 土豆、胡萝卜去皮、切块；西蓝花洗净，切成小朵，备用。
3. 热锅，加入2大匙植物油，放入姜片爆香，加入土豆块、胡萝卜块拌炒均匀，再放入面轮、水和其余调料拌炒均匀。
4. 煮沸后盖上锅盖，转小火焖煮约15分钟，再放入西蓝花，煮熟即可。

干烧面肠

材料

面肠400克，姜丝10克，红辣椒丝、香菜各5克，水20毫升

调料

酱油5大匙，白糖1/2小匙，盐、醋各少许，香油1大匙，植物油适量

做法

1. 面肠洗净、切厚片，放入油锅中炸约1分钟后沥干油；香菜洗净切小段，备用。
2. 热锅，加入1大匙香油，放入姜丝和红辣椒丝爆香，再放入面肠段炒香，最后加入水和其余调料烧煮均匀。
3. 放入香菜段拌炒均匀至入味即可。

素烩锅巴

材料

锅巴6片，金针菇100克，泡发香菇丝、黑木耳丝、胡萝卜丝各20克，上海青2棵，姜末10克，素高汤（做法详见142页）200毫升

调料

盐1/4小匙，酱油、白糖、香油各1小匙，水淀粉2大匙，植物油适量

做法

1. 金针菇洗净去根；上海青洗净切丝。
2. 将金针菇、黑木耳丝、胡萝卜丝及上海青丝汆烫至熟，取出冲凉沥干。
3. 热锅下植物油，爆香姜末及香菇丝，放入做法2的材料炒香，加入素高汤、酱油、盐及白糖，加水淀粉勾芡，淋上香油装碗。
4. 锅巴放入160℃的油温中炸至酥脆，捞起，趁热将做法3的素烩料淋在炸锅巴上即可。

素狮子头

材料

板豆腐	300克
马蹄碎	50克
香菇末	20克
胡萝卜碎	25克
芹菜末	20克
茭白末	30克
面包粉	15克
红薯粉	15克
大白菜片	300克
姜末	10克

调料

面粉	20克
酱油	适量
盐	适量
白糖	适量
白胡椒粉	少许
香油	1/4小匙
素蚝油	1/2大匙
植物油	适量
香菇粉	少许

做法

❶ 先于板豆腐上抹上少许盐，放1小时后擦干豆腐，再将豆腐压碎，挤压出多余水分。

❷ 将豆腐泥、马蹄碎、香菇末、胡萝卜碎、芹菜末、茭白末、面包粉、面粉、红薯粉和酱油、盐、白糖、白胡椒粉、香油拌匀，捏成丸子状；再放入油锅中炸至表面呈金黄色后，捞出即为素丸子。

❸ 锅留余油，爆香姜末，再加入素蚝油、酱油、盐、香菇粉、白糖和水（材料外）煮沸，放入素丸子和烫熟的大白菜片烧煮入味即可。

锅贴素鱼片

材料

魔芋50克，吐司4片，香菜叶2克，胡萝卜末、香菇末各5克，水15毫升

调料

中筋面粉30克，白胡椒粉少许，盐4克，植物油适量

做法

1. 魔芋切成片状；吐司去边分切成2份。
2. 中筋面粉、水和盐混合拌匀，抹在1片吐司上，铺上魔芋片，放上香菜叶、胡萝卜末、香菇末，重复此做法至吐司用完。
3. 热油锅，放入做法2的半成品，以半煎炸的方式煎至外观呈金黄色，捞起沥油，蘸食白胡椒粉即可。

咖喱什锦蔬菜

材料

黑木耳10克，杏鲍菇30克，玉米笋20克，西芹10克，西蓝花150克，小黄瓜15克，胡萝卜10克，水200毫升

调料

素黄咖喱粉1大匙，盐1/2小匙，白糖1小匙

做法

1. 西蓝花洗净切小朵，用水汆烫，再围边摆盘装饰。
2. 黑木耳、杏鲍菇、西芹、小黄瓜、胡萝卜洗净切成菱形片状；玉米笋洗净切段，用水汆烫。
3. 锅中加入水和所有调料炒匀，加入做法2的材料，炒至汤汁略微收干后，盛盘即可。

腐乳腐皮卷

材料

腐皮2张，黄豆芽500克，香菇、金针菇各300克，胡萝卜、素火腿各30克，发菜适量，水100毫升

调料

酱油1大匙，水淀粉1小匙，白胡椒粉、盐各1/4小匙，腐乳4块，白糖、香油各适量，植物油少许

做法

1. 腐皮1张切成6小张；发菜泡水后沥干。
2. 其余材料放入油锅中炒熟，加酱油、白糖、香油、白胡椒粉、盐、水淀粉拌匀放凉，备用。
3. 取腐皮放入适量做法2的材料，卷成筒状。
4. 平底锅加植物油，放入腐皮卷，煎至焦黄，加入腐乳、香油、水和发菜盛盘，再放入烫熟的芥蓝菜（材料外）装饰即可。

芙蓉百花芦笋

材料

鸡蛋1个，芦笋80克，胡萝卜30克，鲜香菇1朵，西蓝花50克，水70毫升

调料

盐少许

做法

1. 鸡蛋打散，加入水和盐打匀，容器放入锅中，盖子不盖满，蒸5分钟至熟。
2. 芦笋去硬皮，洗净对剖切长段；胡萝卜洗净切片；鲜香菇洗净刻花；西蓝花洗净，切小朵，分别放入沸水中略汆烫，捞起。
3. 将做法2的所有蔬菜排入蒸蛋上即可。

炸腐皮海苔卷

材料

腐皮5张，海苔5张，魔芋5片，面糊少许，柠檬块、莳萝叶各适量

调料

番茄酱2大匙，沙拉酱1小匙，盐、白胡椒粉各少许，植物油适量

做法

1. 将海苔与腐皮切成相同长度。
2. 腐皮铺底，放上海苔片再加入魔芋片，将腐皮缓缓卷成卷筒状，使用面糊封口。
3. 将卷好的腐皮海苔卷放入油温180℃的油锅中炸成金黄色，取出沥油，切成圆形厚片备用。
4. 将其余调料搅拌均匀，淋在腐皮海苔卷上，放上柠檬片和莳萝叶装饰即可。

香酥蔬菜饼

材料

红甜椒丝、杏鲍菇丝、西芹丝、茄子皮丝各10克，四季豆丝20克，罗勒叶、姜丝各5克

调料

盐、白胡椒各1/2小匙，植物油适量

面糊

低筋面粉100克，水60毫升，泡打粉1/2小匙

做法

1. 将所有材料和所有调料（植物油除外）拌匀，备用。
2. 分次取适量做法1的材料沾裹面糊，压成饼状后，放入油锅中，用150℃油温炸至金黄即可。

黄金熏蔬卷

材料

腐皮1张，黄豆芽30克，香菜、胡萝卜丝各20克，姜丝5克，菠菜丝、西红柿片、面糊各适量

调料

盐1/2小匙，白胡椒粉少许，淀粉1大匙，植物油适量

熏料

中筋面粉、白糖各50克，红茶叶2大匙

做法

1. 将黄豆芽、香菜、胡萝卜丝、姜丝、菠菜丝加调料（植物油除外）抓匀，用腐皮卷起，用面糊封口。
2. 将腐皮卷放入140℃的油温中略炸，捞起。
3. 将熏料放入铁锅中，摆入蒸架，放入炸腐皮卷，中火熏约3分钟，取出切段。
4. 用西红柿片铺底，再放入熏腐皮卷即可。

脆皮香茄皮

材料

茄子1个，姜末5克，红辣椒末10克，罗勒少许

调料

盐1/2小匙，白胡椒少许，植物油适量

面糊

低筋面粉100克，水60毫升，泡打粉1/2小匙

做法

1. 茄子洗净取皮，茄子皮沾裹面糊后用140℃油温炸至酥，取出沥干油备用。
2. 热锅，将姜末、红辣椒末放入锅中炒香，再加入炸过的茄子皮和其余调料拌匀，撒上切碎的罗勒即可。

酥炸藕片

材料

莲藕120克，姜末、红辣椒末、罗勒末各5克

调料

胡椒盐、植物油各适量

面糊

低筋面粉100克，水60毫升，泡打粉1/2小匙

做法

1. 莲藕洗净切薄片，泡冷水后沥干，再沾裹混合好的面糊，放入油锅中，用140℃油温炸酥备用。
2. 热锅，将姜末、红辣椒末、罗勒末放入锅中炒香，最后加入炸过的莲藕片、胡椒盐拌匀，用罗勒叶（分量外）装饰即可。

炸素鸡卷

材料

腐皮2张，素肉丝10克，胡萝卜丝50克，凉薯丝130克，芋头丝150克，芹菜末30克，圣女果1个，红薯粉、生菜叶、香菜各适量

调料

盐1/2小匙，白糖、白胡椒粉、植物油各适量

面糊

低筋面粉100克，水60毫升，泡打粉1/2小匙

做法

1. 素肉丝泡软，放入碗中，放入胡萝卜丝、凉薯丝、芋头丝，加入所有调料（植物油除外）、芹菜末和红薯粉拌匀成馅，用腐皮包馅，卷成圆筒形，封口涂上面糊。
2. 油锅烧热，放入做法1的素鸡卷，以小火炸6分钟至金黄，捞出切片，放入铺有生菜叶的盘中，装饰圣女果和香菜即可。

炸山药素肉丸

材料

山药200克，马蹄3颗，芹菜梗2根，香菜2棵，素肉罐头1罐，生菜、圣女果片各适量

调料

香油1小匙，面粉2大匙，淀粉3大匙，盐、白胡椒粉各少许，植物油适量

做法

1. 山药去皮洗净，再切成碎状备用。
2. 马蹄去皮切碎；芹菜、香菜都洗净切成碎状；素肉罐头去除油分与水分沥干。
3. 将做法1、做法2与所有调料（植物油除外）混合搅拌均匀，再揉成丸子备用。
4. 将丸子放入油温180℃的油锅中，炸成金黄色捞出。
5. 丸子取出沥油后放入盘中，用生菜和圣女果片装饰即可。

炸丝瓜

材料

丝瓜1根，玉米笋3根，西红柿1个

酱料

沙拉酱2大匙，盐1小匙，白胡椒粉各少许，茴香碎1小匙，植物油适量

面糊

淀粉1大匙，植物油1小匙，泡打粉、白胡椒粉、盐各少许，面粉90克，水60毫升

做法

1. 丝瓜洗净切条状、玉米笋洗净对切，放入混合好的面糊材料中，均匀沾上面糊；放入180℃的油锅中炸成金黄色。
2. 将做法1的材料和切片的西红柿一起排入盘中，搭配混合均匀的酱料即可食用。

老少平安

材料

豆腐	3块
香菇	3朵
鸡蛋	1个
胡萝卜	10克
豆干	1块
玉米粒	少许
枸杞子	少许
香菜叶	少许
素高汤	200毫升

调料

淀粉	1大匙
盐	1小匙
素高汤粉	1小匙
白胡椒粉	1/2小匙

做法

1. 香菇洗净切小丁；胡萝卜去皮洗净切小丁；豆干切碎；豆腐捏碎挤出水分成豆腐泥，备用。
2. 香菇丁、胡萝卜丁、豆腐泥、豆干碎、鸡蛋和淀粉、盐、素高汤粉、白胡椒粉拌匀。
3. 取5个大小一致的瓷汤匙依序抹上少许植物油（材料外），填上做法2的豆腐泥刮平；放入蒸笼以中火蒸煮约30分钟，取出倒扣于盘中，以玉米粒、枸杞子以及香菜叶装饰，备用。
4. 将素高汤煮沸，放入少许水淀粉（材料外）勾芡，淋豆腐上，中间放上油菜花（材料外）即可。

炸长相思

材料

板豆腐2块，面条250克，素肉100克，姜10克，香菜1棵，百里香末适量

调料

盐、白糖、白胡椒粉各少许，香油1小匙，淀粉2大匙，植物油适量

做法

1. 将板豆腐洗净，使用纱布拧干水分成豆腐泥；素肉、姜与香菜洗净切成碎状备用。
2. 做法1的材料与所有调料（植物油除外）混合搅拌均匀备用。
3. 将搅拌好的豆腐泥塑形成长条状，外面再包裹上面条呈长条状。
4. 将裹好的做法3的材料放入油温170℃的油锅中炸成金黄色，摆盘后，撒上少许百里香末即可。

麻婆豆腐

材料

豆腐块350克，素肉馅20克，金针笋段、红辣椒段、花椒粒各10克，姜末5克，水150毫升

调料

豆瓣酱、植物油各2大匙，辣椒酱1大匙，白糖1小匙，味精少许，水淀粉适量

做法

1. 素肉馅放入热水中浸泡至软，沥干水分。
2. 热锅倒入植物油，以小火慢慢炒香花椒粒后，捞出。
3. 原锅爆香姜末，放入素肉馅炒约1分钟，再放入红辣椒段、金针笋段以及调料（水淀粉除外）拌炒均匀。
4. 放入豆腐块和水煮至入味，起锅前倒入水淀粉勾芡即可。

炸牛蒡天妇罗

材料

牛蒡100克，胡萝卜、芹菜各20克，生菜叶适量

面糊

中筋面粉7大匙，淀粉1大匙，植物油适量，水80毫升

做法

❶ 牛蒡去皮，先以同心圆状划上数刀，再切成丝备用。

❷ 胡萝卜和芹菜洗净切丝备用。

❸ 面糊材料混合拌匀，加入做法1、做法2的材料拌匀，取出放入140℃油锅中，以中火慢炸2分钟；再开大火炸至金黄色，捞起沥油，倒于铺有生菜叶的盘中即可。

五香炸素鸡腿

材料

生腐皮250克，甘蔗1节，鲜香菇3朵

调料

五香粉、素蚝油、姜末、白糖、素沙茶酱各1小匙，植物油500毫升

面糊

面粉5大匙，盐、白胡椒粉各少许，香油1小匙

做法

❶ 生腐皮洗净切长条，加调料（植物油除外）腌制10分钟；甘蔗去皮，切成10厘米长条；鲜香菇洗净切片。

❷ 取腌好的腐皮铺上香菇片，再放上甘蔗条，卷成棒棒腿形状。

❸ 裹上混合好的面糊，放入180℃的油锅炸成金黄色，盛盘装饰以香芹叶和圣女果片（皆材料外），撒上罗勒碎（材料外）即可。

蒸煮凉拌菜

现代人都追求健康饮食，清蒸、水煮、凉拌的方式再适合不过，蒸煮菜不但口感清爽，还可以最大限度地保留食材本身的营养。那么怎样才能使菜既清爽，而又不淡而无味呢？针对这个问题，本章就教您清爽口感的菜要如何调味，少油素食也可以很下饭。

蒸三色豆腐

材料
百叶豆腐1块，干香菇3朵，竹笋1/2个，胡萝卜片40克，水150毫升

调料
盐1/4小匙，素蚝油、香菇粉、香油、水淀粉各少许，植物油适量

做法
1. 百叶豆腐洗净、切片；干香菇洗净泡软、对切；竹笋切片，备用。
2. 热锅，加入适量植物油，放入香菇炒香，再加入少许盐（分量外）拌匀取出。
3. 取百叶豆腐、竹笋片、胡萝卜片和香菇排入蒸盘中，放入水沸的蒸锅中，蒸约10分钟后熄火取出。
4. 热锅，加入水和所有调料煮匀，淋在做法3的食材上即可。

粉蒸素排骨

材料
芋头150克，蒸肉粉50克，姜末、青椒末各适量，水50毫升

调料
辣椒酱、白糖各1大匙，甜面酱1小匙，香油2大匙，植物油适量

面糊
中筋面粉40克，水30毫升

做法
1. 芋头去皮切块，沾上混合拌匀的面糊，放入140℃的油锅中炸至外观呈金黄色，捞起沥油备用。
2. 姜末、蒸肉粉、水和其余调料混合拌匀，加入芋头块均匀裹上后，放入水沸的电饭锅中蒸30分钟（外锅加适量水），最后撒上青椒末即可。

马蹄镶油豆腐

材料

油豆腐10个，马蹄6颗，洋菇70克，胡萝卜末30克，熟土豆60克，姜末10克

调料

盐1/4小匙，香菇粉、白胡椒粉、橄榄油各适量

做法

1. 先将油豆腐剪去一面的皮备用；马蹄去皮后拍扁、切末；洋菇洗净、切末；熟土豆切碎，备用。
2. 热锅，加入橄榄油，放入姜末、洋菇末炒香，再加入胡萝卜末、马蹄末拌炒均匀，续加入调料、熟土豆碎拌炒均匀成馅料。
3. 将炒好的馅料填入油豆腐中，放入蒸锅中蒸约15分钟，再焖约2分钟，摆上洗净的香菜叶（材料外）即可。

芋泥蒸黄瓜

材料

黄瓜400克，芋头250克，干香菇3朵，胡萝卜、竹笋各30克，芹菜适量

调料

盐1/2小匙，白胡椒粉1/4小匙，香菇粉、白糖、香油、酱油各少许

做法

1. 芋头去皮切片，蒸熟压成泥；黄瓜去皮，切圆圈段去籽；干香菇泡软切末。
2. 胡萝卜洗净去皮切末；竹笋洗净切末；芹菜洗净切末，备用。
3. 将香菇末、胡萝卜末、竹笋末、芹菜末、芋泥和所有调料拌匀，填入黄瓜中。
4. 将填好馅的黄瓜放在蒸盘上，放入蒸锅蒸约25分钟，再焖约2分钟即可。

酱椒豆鸡

材料
豆鸡300克，姜末5克，罗勒末2克，红辣椒末5克，香菜末3克，花椒粒5克

调料
酱油2大匙，辣椒酱、醋各1小匙，白糖1/2大匙，冷开水、植物油各1大匙

做法
1. 豆鸡洗净切片，放入水沸的电饭锅中蒸约5分钟后取出。
2. 热锅，加入1大匙植物油，放入花椒粒炒香后挑除花椒粒，锅留余油备用。
3. 将花椒油与其余调料拌匀，再加入姜末、罗勒末、红辣椒末和香菜末，拌成淋酱。
4. 将淋酱淋在豆鸡上即可。

珊瑚蒸蛋

材料
鸡蛋3个，胡萝卜泥60克，姜泥10克，水3大匙

调料
盐1小匙，香油1大匙

做法
1. 调料、水和胡萝卜泥、姜泥放入锅中煮至胡萝卜泥熟透，即成珊瑚酱。
2. 鸡蛋打散，加入200毫升水（分量外）拌均匀，用筛网过滤至蒸碗中，放入水沸的蒸锅或电饭锅中（锅盖处插入筷子留细缝）蒸12分钟，取出淋入珊瑚酱即可。

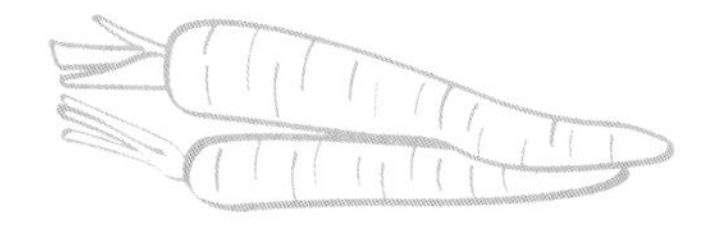

丝瓜蒸金针菇

材料

丝瓜300克，金针菇50克，素火腿丝15克，姜丝10克

调料

盐1/4小匙，白胡椒粉少许，香油2大匙

做法

1. 丝瓜去皮，洗净切小片；金针菇去根，洗净切段备用。
2. 将做法1的全部材料、素火腿丝和姜丝加入1大匙香油拌匀，再放入电饭锅内锅中。
3. 电饭锅外锅加适量水，按下开关煮至开关跳起，加入其余调料拌匀，闷约1分钟，取出盛入盘中即可。

卷心菜卷

材料

卷心菜150克，金针菇40克，胡萝卜丝20克，豆干丝、青椒丝各30克

调料

盐1小匙，胡椒粉1/2小匙，香油1大匙

做法

1. 卷心菜洗净剥下叶片，放入沸水中汆烫至软且熟备用。
2. 将其余材料和调料混合拌匀备用。
3. 取1片卷心菜叶，放入做法2的材料包起呈圆柱状，摆入盘中，重复上述做法至卷心菜叶用完为止。
4. 将卷心菜卷放入电饭锅中蒸10～15分钟（外锅加入适量水）即可。
5. 可蘸酱油（材料外）一起食用。

香椿酱蒸茭白

材料
茭白200克，素火腿50克，芦笋20克，红辣椒圈5克

调料
市售香椿酱2大匙，松子碎5克，月桂叶梗碎适量，香油、白糖各1小匙，盐、玉米粉各1/2小匙

做法
1. 茭白去外壳，刨去老皮，中间用刀划开洗净；素火腿洗净切条后，夹入茭白中间，排入盘中，再放上芦笋和红辣椒圈装饰。
2. 全部调料混合拌匀，淋在茭白上，放入水已煮沸的蒸笼中，以小火蒸约10分钟即可取出。

红枣南瓜

材料
红枣15颗，南瓜350克，姜片10克，水100毫升

调料
盐1/4小匙

做法
1. 红枣洗净；南瓜带皮带籽洗净，切小块，备用。
2. 将做法1的材料放入容器中，然后放入姜片和水。
3. 放入电饭锅中，外锅加适量水，煮至开关跳起，再闷5分钟。
4. 加入盐拌匀即可。

海带南瓜卷

材料

海带	100克
南瓜	50克
西芹	30克
胡萝卜	30克
核桃	30克
嫩豆角	5根
红辣椒圈	适量
烫熟的芦笋	50克

调料

盐	1小匙
白糖	1小匙
白胡椒粉	1/4小匙
香油	1大匙
海苔酱	1大匙

做法

1. 海带泡水至软，捞起沥干，分切成小片状备用。
2. 南瓜去皮、去籽，切成手指状的长条形；西芹洗净、撕去老须，切成手指状的长条形；胡萝卜洗净去皮，一样切成手指状的长条形。
3. 核桃放入沸水中汆烫，放入水已煮沸的蒸笼中，以小火蒸约20分钟取出。
4. 嫩豆角洗净，放入沸水中汆烫后，过冷水备用。
5. 将做法2的材料和全部调料混合拌匀。
6. 将海带摊平，卷入适量做法5的材料，用嫩豆角绑紧，盛入盘中；放入水已煮沸的蒸笼中，以小火蒸约10分钟取出，放上红辣椒圈、核桃和烫熟的芦笋装饰即可。

素火腿冬瓜球

材料

冬瓜600克，胡萝卜1根，素火腿50克，姜3片，素高汤（做法详见142页）200毫升

调料

盐1小匙，素高汤粉、植物油、水淀粉各少许

做法

❶ 胡萝卜洗净加水煮30分钟，取出放凉。

❷ 取部分冬瓜和胡萝卜以挖球器挖出球状，剩余的冬瓜去皮打碎，倒入碗中与素高汤、冬瓜球、胡萝卜球蒸约40分钟。

❸ 热锅，加入少许植物油，以中火爆香姜片后捞除，再将做法2的汤汁和材料倒入锅中，加入调料（水淀粉除外）和素火腿，以小火煮沸，熄火。

❹ 取冬瓜球与胡萝卜球摆盘，剩余汤汁以少许水淀粉勾芡，淋入盘中即可。

豆豉蒸杏鲍菇

材料

杏鲍菇200克，豆腐1块，红甜椒100克，青椒丁30克，豆豉1小匙，陈皮1块，姜1块

调料

酱油1大匙，白糖、香油各1小匙，植物油适量

做法

❶ 杏鲍菇、豆腐洗净切长形厚片，放入油锅中煎出焦色；红甜椒汆烫后，去皮、去籽，切片。

❷ 陈皮、姜洗净剁碎；豆豉泡软后，剁碎。

❸ 取盘，先放1片豆腐，再排入红甜椒片、杏鲍菇片，重复此做法至材料用完为止。

❹ 酱油、白糖和做法2的材料混合拌匀，淋入做法3的材料上，放入水已煮沸的蒸笼内，以小火蒸5分钟，撒上青椒丁，最后将烧热的香油淋入即可。

竹荪三丝卷

材料

竹荪10条，香菇丝、芹菜丝、竹笋丝各50克，胡萝卜丝20克，甜豆荚30克，姜末10克

调料

橄榄油2大匙，白糖1大匙，盐、香油各1小匙

做法

1. 竹荪泡发，捞出放入沸水中汆烫，切去头尾，留下荪管，再从中间剪开呈片状备用。
2. 全部调料混合拌匀备用。
3. 将香菇丝、芹菜丝、竹笋丝、胡萝卜丝和1/3做法2的调料混合拌匀。
4. 将竹荪摊平，放入适量做法3的材料，卷成筒状放入蒸盘内，将剩余的2/3调料淋入，加入洗净的甜豆荚，蒸10分钟即可。

黄瓜镶素肉

材料

黄瓜300克，豆干末50克，金针菇末、香菇末各20克，芹菜末、姜末各10克，水200毫升

调料

盐、白糖各1小匙，酱油、香油、水淀粉各1大匙，面粉2大匙，白胡椒粉1/2小匙

做法

1. 黄瓜去皮，切成1厘米长的段状，挖空中间，放入沸水中略汆烫，捞起泡入冷水中。
2. 其余材料（水除外）、面粉、酱油、白胡椒粉、香油混合，塞入黄瓜圈中，排入盘中，放置电饭锅内蒸20分钟（外锅加入适量水）。
3. 取锅，将水和其余调料混合煮匀后，淋在黄瓜上即可。

竹荪南瓜盅

材料

南瓜300克，竹荪30克，白山药、紫山药、蘑菇各50克，海苔粉1克，牛奶300毫升

调料

盐1/2小匙，白糖5克，市售香料1克

做法

1. 竹荪浸泡在冷水中至涨发，捞起放入沸水中汆烫去除酸味，再取出切块备用。
2. 白山药和紫山药去皮切丁；蘑菇洗净切片，备用。
3. 南瓜洗净，横剖切开后，先去瓤洗净，放入水已煮沸的蒸笼内，以大火蒸约5分钟；取出后加入做法1、做法2的材料和牛奶、全部调料，再放入蒸笼内，以小火蒸约10分钟取出，撒上海苔粉即可。

竹笋香菇魔芋

材料

竹笋250克，干香菇6朵，姜片10克，魔芋80克，香菜少许，水400毫升

调料

盐1/2小匙，冰糖少许，生抽1小匙

做法

1. 竹笋剥去外壳、粗边，洗净切块；魔芋切条，备用；干香菇泡发。
2. 竹笋块、干香菇和姜片放入电饭锅内锅，加入水，于外锅加适量水煮至开关跳起，闷约5分钟后打开锅盖。
3. 续加入魔芋条和其余调料，再于外锅加适量热水，煮至完全入味，盛出撒上香菜叶即可。

素蚝油面筋

材料

面筋100克，姜末10克，熟竹笋丁50克，青豆25克，水300毫升

调料

素蚝油、香油各2大匙，盐3克，白糖8克，白胡椒粉5克

做法

1. 面筋放入沸水中稍微汆烫后捞出，备用。
2. 热锅，加入2大匙香油，先放入姜末爆香，再放入熟竹笋丁、面筋拌炒均匀。
3. 续加入其余调料和水，煮10分钟后放入青豆拌匀，再稍微煮一下即可。

辣拌豆干丁

材料

黑豆干100克，红辣椒末15克，姜末8克，香菜10克

调料

辣豆瓣酱、酱油各1大匙，白糖1/2小匙，辣油1小匙，香油少许

做法

1. 将黑豆干洗净，放入蒸锅中蒸5分钟，取出切丁。
2. 将黑豆干丁放入容器中，加入所有调料拌匀，放置5分钟。
3. 续放入红辣椒末、姜末和香菜拌匀即可。

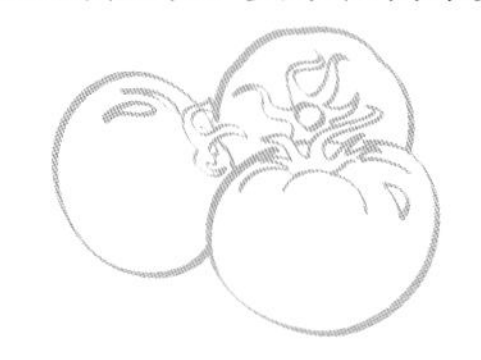

栗子蒸素肠

材料

熟栗子、素肠各100克，红辣椒丝10克，烫熟的上海青、梅干菜各50克

调料

酱油、白糖、香油各1大匙，盐、白胡椒粉各1/2小匙，植物油适量

做法

1. 素肠洗净表面沾酱油（分量外），放入热油锅中炸至上色，取出切斜片；梅干菜泡水，切碎。
2. 做法1的材料、熟栗子和酱油、白糖、盐、白胡椒粉、香油拌匀；取一深碗，依序排入素肠、梅干菜、栗子，放入水沸的蒸锅中蒸20分钟，取出倒扣于盘中，以红辣椒丝和烫熟的上海青装饰即可。

面轮豉汁素排

材料

干面轮50克，素排骨、红薯各100克，陈皮1片，豆豉20克，青椒丝少许

调料

酱油2大匙，白糖、香油各1大匙，白胡椒粉、玉米粉各1小匙，植物油适量

做法

1. 干面轮浸泡冷水中至涨发，捞出切成块状。
2. 红薯去皮切小块，放入热油锅中炸至金黄；陈皮和豆豉浸泡冷水中至软，捞出剁碎备用。
3. 将做法1、做法2的材料和素排骨及剩余调料拌匀，倒入盘中，放入水已煮沸的蒸笼中，以中火蒸约30分钟取出，再放上青椒丝装饰即可。

天香腐皮卷

材料

腐皮	3张
姜末	1小匙
香菇丝	30克
金针菇	30克
胡萝卜丝	10克
榨菜丝	20克
香菜	2棵
水	200毫升

调料

生抽	3大匙
盐	适量
素高汤粉	少许
白糖	1大匙
白胡椒粉	1/2小匙
素蚝油	1大匙
香油	1大匙
植物油	适量
水淀粉	少许

熏料

大米	60克
白糖	3大匙
乌龙茶叶	1大匙
面粉	2大匙
八角	1个

做法

1. 热锅，放入植物油烧热，以中火爆香姜末，加入香菇丝、金针菇、胡萝卜丝、香菜和榨菜丝炒匀，加入少许盐、素蚝油、香油快炒数下，以少许水淀粉勾芡成馅。
2. 其余调料加水混合，取3张腐皮对折，在每层间都刷上混合调料，再把馅包入腐皮中卷成条；摆在盘子上并覆上保鲜膜，移入蒸笼以大火蒸煮约5分钟，取出放凉备用。
3. 在锅底摆1张铝箔纸，放入大米、白糖、乌龙茶叶、面粉、八角，架上蒸架，将腐皮卷放在蒸架上，盖上锅盖以中火熏约5分钟，取出待凉，食用前切块即可。

咖喱蛋豆腐

材料

蛋豆腐1盒，杏鲍菇100克，胡萝卜30克，青椒20克，水100毫升

调料

椰浆1/2罐，素食咖喱4块，白糖、奶油各1小匙，植物油少许

做法

1. 蛋豆腐、杏鲍菇和胡萝卜洗净沥干，切片；青椒洗净，切小丁备用。
2. 取锅，加入少许植物油烧热，放入蛋豆腐和杏鲍菇，煎至外观金黄，盛起。
3. 原锅内放入胡萝卜片炒香，再加入做法2的材料、水和调料（奶油先不加入），以小火煮至汤汁变浓稠，起锅前加入青椒丁和奶油即可。

草菇扣白菜

材料

大白菜100克，草菇30克，山药、红甜椒各50克，香菇1朵，烫熟的秋葵10克

调料

盐1/2小匙，白糖、香油各1小匙，淀粉1大匙

做法

1. 山药去皮切片；草菇、红甜椒洗净，略汆烫再切片；香菇去蒂，洗净汆烫备用。
2. 取大白菜梗数片洗净，铺在大碗内面，再将做法1的材料（香菇除外）排入碗中压紧；放入水沸的蒸锅以小火蒸20分钟，取出倒扣在大盘上，倒出蒸汁，放上香菇和秋葵片装饰。蒸汁加入所有调料煮沸，淋在成品上即可。

香菇镶豆腐

材料

鲜香菇10朵，板豆腐1块，素火腿碎、马蹄碎、胡萝卜碎各30克，姜末10克，小豆苗150克，淀粉适量

调料

香菇粉1/4小匙，香油1小匙，盐、素蚝油、水淀粉、白糖、白胡椒粉各少许

做法

1. 板豆腐洗净压碎，加马蹄碎、胡萝卜碎、素火腿碎、姜末和盐、香油、香菇粉、白糖、白胡椒粉、淀粉搅拌均匀，成内馅。
2. 将鲜香菇洗净抹上少许水淀粉，再取适量内馅填入，放入蒸笼蒸10～15分钟。
3. 取出排入铺好汆烫小豆苗的盘中。
4. 锅内加水，加入少许盐、素蚝油、水淀粉，淋在盘中即可。

松茸蒸豆腐

材料

银耳30克，板豆腐3块，蛋白1个，松茸100克，栗子片15克，烫熟的青豆20克

调料

盐、白胡椒粉各适量

做法

1. 银耳浸泡冷水中至涨发，去除蒂头后剁碎，放入水已煮沸的蒸笼中，以小火蒸约20分钟，取出放凉备用。
2. 板豆腐洗净用滤网挤压成泥状，加入蛋白、银耳和全部调料拌匀，放入碗中。
3. 接着将松茸洗净对切，和栗子片排在上面，放入蒸笼内，以小火蒸约10分钟取出，放上烫熟的青豆装饰即可。

莲子蒸香芋

材料

芋头150克，蘑菇15克，干莲子100克，冬菜10克，香菜1棵

调料

盐、白糖、香油、酱油各1小匙，白胡椒粉1/4小匙，玉米粉1大匙

做法

1. 蘑菇切片，放入锅中煎黄，排入大碗中。
2. 芋头去皮切片，莲子泡发，一起放入水沸的蒸锅中大火蒸20分钟；取出将芋头压成泥，莲子压碎，和冬菜、盐、白糖、香油、白胡椒粉、玉米粉混合拌匀，盛入大碗中压紧。
3. 放入蒸锅中蒸10分钟，倒扣于盘中，淋上酱油，再以香菜装饰即可。

梅酱蒸山药

材料

山药200克，银杏50克，腌制梅子6颗

调料

柚子酱1大匙，盐1/4小匙，枸杞子水1/2小匙

做法

1. 山药去皮，切成四方形块状，在中间挖出一个小凹槽，盛入盘中备用。
2. 腌制梅子去核，压碎后和调料混合，取适量填入山药凹槽中，再放上1颗银杏；将剩余的调料铺在盘内，放入水已煮沸的蒸笼中，以小火煮约5分钟取出即可。

绿豆芽拌菠萝

材料

罐头菠萝50克，绿豆芽100克，魔芋丁50克，红甜椒1个，新鲜茴香2棵

调料

香油1大匙，柠檬汁1小匙，盐、黑胡椒粉各少许

做法

1. 绿豆芽洗净后放入沸水中汆烫，再过冰水冷却，沥干备用。
2. 罐头菠萝切丁；红甜椒洗净切成丝状；茴香洗净切碎，备用。
3. 所有调料使用打蛋器搅拌均匀，即成酱汁备用。
4. 将做法1、做法2、做法3的材料和魔芋丁一起放入大碗中，搅拌均匀即可。

树子蒸丝瓜

材料

丝瓜条、面条各150克，枸杞子适量

调料

香油、茶油各1大匙，酱油1/2小匙，树子50克，白糖1小匙

做法

1. 丝瓜条放入沸水中汆烫至软，捞起沥干。
2. 面条放入沸水中略汆烫后，先过冷水，捞起再拌入茶油和酱油。
3. 取适量的面条，将丝瓜条卷起来，放置盘上，重复此做法至材料用完。
4. 将部分树子和白糖混合拌匀，淋在做法3的材料上，放入水已煮沸的蒸笼内，以小火煮约5分钟取出，放上剩余树子和枸杞子装饰，再淋入烧热的香油即可。

冬瓜三宝扎

材料

冬瓜200克，素火腿、香菇、竹笋、胡萝卜、玉米笋各50克

调料

酱油、水淀粉各1大匙，白糖、香油各1小匙，胡椒粉1/3小匙

做法

1. 冬瓜去皮去籽，刨成长条片状，泡入盐水（材料外）中待软备用。
2. 将全部材料（素火腿除外）切条，放入沸水中汆烫后，捞出沥干。
3. 将冬瓜片摊平，放入素火腿和做法2的材料，卷成筒状放入盘中，放入水已煮沸的蒸笼中，小火蒸约10分钟取出。
4. 蒸后的汤汁另取出，和全部调料一起煮匀后，淋至冬瓜上即可。

红曲蒸蛋豆腐

材料

雪里蕻、银杏、鲜香菇各50克，蛋豆腐1盒，木耳菜适量

调料

红曲酱1大匙，白糖、香油各1小匙

做法

1. 银杏洗净切片；雪里蕻和鲜香菇洗净，切小丁备用。
2. 将做法1的材料和全部调料混合拌匀。
3. 蛋豆腐用盖模压成圆形，放入煎锅内略煎至外观呈焦色盛盘；再加上调好的做法2的馅料，放入水已煮沸的蒸笼内，以小火蒸约5分钟取出，放上烫熟的木耳菜即可。

翠玉福袋

材料

卷心菜	6大片
香菇丝	25克
胡萝卜丝	60克
豆皮丝	35克
素火腿丝	60克
熟竹笋丝	60克
香菜叶	适量
芹菜	适量
水	300毫升

调料

盐	1/2小匙
白糖	1/4小匙
白胡椒粉	少许
枸杞子	10克
酱油	少许
水淀粉	少许
香油	少许
植物油	2大匙

做法

1. 卷心菜洗净汆烫至软，捞出冲水放凉；芹菜去叶，将芹菜洗净汆烫，捞起沥干。
2. 锅烧热，加入2大匙植物油，放入香菇丝、胡萝卜丝、豆皮丝、素火腿丝、熟竹笋丝炒匀，加入盐、白糖、白胡椒粉和香菜叶拌匀。
3. 取1片卷心菜叶铺平，放入适量做法2的馅料，用芹菜梗绑好，修剪整齐，即成福袋。
4. 将整好的福袋排入盘中，放入蒸锅中蒸10分钟后取出。
5. 取锅加入水和枸杞子，煮沸后加入少许酱油，再以少许水淀粉勾芡，淋入香油，最后淋在福袋上即可。

翠藻苦瓜盅

材料
白玉苦瓜200克，海带芽丁、黑木耳、草菇丁、黄豆芽、竹笋丁、蘑菇丁各30克，海藻2克

调料
酱油1/2小匙，白糖、淀粉各1小匙，盐1/4小匙，香油、红曲酱各1大匙

做法
1. 白玉苦瓜洗净切成环状，去籽去瓤后，放入沸水中汆烫至熟，成苦瓜盅；海藻泡水至涨发。
2. 将材料（白玉苦瓜、海藻除外）放入沸水中汆烫，捞起沥干后加入全部调料混合拌匀；再填入白玉苦瓜盅内，放入水已煮沸的蒸笼中，以小火蒸约15分钟取出，放上海藻装饰即可。

白玉南瓜卷

材料
南瓜100克，豆腐1盒，海苔粉、紫菜条各适量

调料
盐、白糖各1小匙

做法
1. 南瓜洗净去皮去籽，切条状，放入水已煮沸的蒸笼内，以中火蒸约10分钟至熟后，先取出放凉，再加入全部调料拌匀备用。
2. 豆腐切成四方片，铺在保鲜膜上。
3. 将蒸熟的南瓜条均匀沾裹上海苔粉，放在豆腐片上，再卷成筒状，并用紫菜条固定住南瓜卷；放入水已煮沸的蒸笼内，以小火蒸约5分钟，中间摆上烫熟的西蓝花和圣女果片（皆材料外）装饰即可。

白玉冬瓜

材料

冬瓜300克，面筋20克，香菇片、胡萝卜片、黄豆芽、草菇片、金针菇、竹笋片各50克

调料

白糖、香油各1大匙，玉米粉、水淀粉、香油各1小匙，酱油适量

做法

1. 冬瓜洗净切成大块，放入锅中蒸熟后挖空冬瓜里面。
2. 将材料（冬瓜除外）放入沸水中汆烫，捞起后拌入少许酱油、白糖、香油、玉米粉，填入冬瓜内，再蒸约15分钟取出，放在铺有黄瓜片（材料外）的盘上。
3. 将做法2蒸后的汤汁另取出，和少许酱油、香油、水淀粉煮沸后，淋在冬瓜上，放上海藻和红甜椒丁（材料外）装饰即可。

芋香杏鲍菇

材料

芋头200克，杏鲍菇100克，鲜香菇50克，黄耳、西芹片各20克，姜片10克，水300毫升

调料

白糖、盐各1小匙，胡椒粉1/3小匙，花椒粉1克，植物油少许

做法

1. 芋头去皮切块；杏鲍菇洗净，切滚刀块；鲜香菇和黄耳洗净，切片状。
2. 取锅，加入少许植物油，放入芋头小火慢煎至芋头外观呈金黄色；放入杏鲍菇、鲜香菇和黄耳煎香后，再放入西芹片和姜片爆香，最后加入水和调料煮至芋头松软即可。

栗子南瓜

材料

南瓜200克，栗子50克，银耳5克，鲜香菇片、蘑菇片各30克，姜末、青椒丁、红甜椒丁、黄甜椒丁各10克，水1000毫升

调料

白糖1大匙，盐1小匙，植物油少许

做法

1. 南瓜洗净不去皮，先去籽再切块。
2. 银耳浸泡置冷水中至涨发，去除蒂头，分剥成小片状；栗子放入沸水中汆烫。
3. 取锅，加入少许植物油煸香鲜香菇片和蘑菇片，再加入姜末炒香；接着加入水、其他材料（青椒、甜椒丁先不加入）和调料煮沸，转小火煮至南瓜软绵；起锅前再加入青椒、甜椒丁略煮即可。

拌百合枸杞子

材料

百合100克，芦笋5根，红甜椒1/2个，枸杞子2大匙，姜15克

调料

白胡椒粉、盐各少许，香油2大匙，白糖、酱油各1小匙，植物油1大匙

做法

1. 芦笋去老皮后，洗净切小段，再放入沸水中汆烫过水备用。
2. 姜、红甜椒洗净切丝；枸杞子、百合分别洗净，备用。
3. 热锅，倒入1大匙植物油，再加入做法2的材料，以中火炒香取出。
4. 与芦笋一起加其余调料拌匀即可。

双菇煮山药

材料
杏鲍菇150克，鲜香菇100克，菜脯10克，枸杞子、竹荪各5克，山药20克，老姜片50克，水300毫升

调料
植物油1大匙，白糖、盐各1小匙

做法
1. 杏鲍菇洗净切厚片；鲜香菇洗净切长条；竹荪泡水至软。
2. 取锅，加入植物油，以小火爆香老姜片至呈金黄色，倒入做法1的材料炒香后，再加入其余材料和调料煮沸，转小火煮约3分钟，用香菜（材料外）装饰即可。

椰浆煮芋头

材料
干香菇、毛豆各30克，鲍鱼菇、芋头、素排骨各100克，姜片10克，水500毫升

调料
盐、白糖各1小匙，白胡椒粉1/4小匙，椰浆1/2罐，植物油少许

做法
1. 干香菇浸泡冷水中至软；鲍鱼菇洗净切厚片；芋头去皮切片；毛豆洗净。
2. 取锅，加入少许植物油煎香芋头片和素排骨至外观略呈焦色后，再加入姜片爆香，并放入香菇、鲍鱼菇、毛豆、水和调料（椰浆除外），以小火煮至芋头松软时，加入椰浆煮沸即可。

素干贝苋菜

材料

苋菜200克，圣女果30克，杏鲍菇、金针菇各100克，姜末10克，水150毫升

调料

蛋黄1个，淀粉、水淀粉各1大匙，白糖、盐、白胡椒粉各1小匙，植物油适量

做法

1. 苋菜择洗干净；圣女果汆烫去皮；杏鲍菇洗净，去头后切小段。
2. 金针菇洗净切短段状，和蛋黄、淀粉拌匀后，放入油锅中，炸至金黄即为素干贝。
3. 锅留余油，放入姜末爆香，加入150毫升水煮沸后，再放入做法1的材料和剩余调料焖煮至苋菜软绵后盛盘，最后撒入素干贝丝即可。

凉拌素丝

材料

豆干丝200克，芹菜80克，胡萝卜30克，黑木耳25克，姜末10克，香芹叶少许

调料

盐、香菇粉各1/4小匙，白糖1/2小匙，白胡椒粉少许，香油、辣油各1/2大匙

做法

1. 芹菜洗净切段；胡萝卜洗净去皮切丝；黑木耳洗净切丝，备用。
2. 将豆干丝放入沸水中汆烫一下后，捞出待凉，再将芹菜段、胡萝卜丝、黑木耳丝分别放入沸水中汆烫约1分钟捞出，放入冰开水中，待凉取出沥干备用。
3. 将做法2的材料全部拌匀后，加入所有调料和姜末拌匀入味，装饰以香芹叶即可。

黄耳罗汉斋

材料

黄耳50克，黄豆芽20克，竹笋片、黑木耳片、胡萝卜片、草菇、面筋、面肠块、香菇、素火腿块各30克，发菜少许，银杏10克，水300毫升

调料

酱油2大匙，白糖、水淀粉、香油各1大匙

做法

1. 黄耳泡水至涨发后，分切小块。
2. 取锅，加入香油和所有材料（水、黄耳、黄豆芽除外）爆香，再加入酱油、白糖略炒；接着加入水以小火焖煮约3分钟，再放入黄豆芽、黄耳续煮2分钟，最后加入水淀粉勾薄芡即可。

药膳煮丝瓜

材料

丝瓜200克，山药100克，枸杞子5克，当归1/3片，老姜3片，花旗参5片，黑木耳20克，青椒10克，水1000毫升

调料

植物油2大匙，白糖、盐各1小匙

做法

1. 丝瓜洗净去皮对剖，切薄片备用。
2. 山药去皮，切块浸泡至冷水中，放入水已煮沸的蒸笼中，蒸约15分钟。
3. 黑木耳洗净切小片。
4. 取锅，放入植物油以小火爆香老姜片，加入水和其余材料以小火煮约2分钟，捞除当归和老姜后，加入白糖和盐拌匀，待煮沸即可。

醋熘莲藕

材料

莲藕200克，秋葵30克，红辣椒圈10克，黑芝麻、白芝麻各少许，水5大匙

调料

白糖3大匙，醋5大匙，盐1小匙

做法

1. 莲藕去皮洗净，切成薄片，放入沸水中汆烫，捞出冲凉沥干备用。
2. 秋葵洗净，放入沸水中汆烫，切半备用。
3. 取锅，放入调料和水，煮沸后放凉备用。
4. 续放入莲藕片，腌制30分钟，盛盘后加入秋葵，再撒上红辣椒圈、黑芝麻、白芝麻即可。

凉拌菠萝苦瓜

材料

罐头菠萝片100克，白玉苦瓜300克，青椒块50克，梅子、红枣各10颗，水10大匙

调料

白糖5大匙，醋3大匙，盐1小匙

做法

1. 白玉苦瓜去瓤洗净，切成粗条状，放入沸水中煮至全熟，捞出放凉备用。
2. 红枣放入沸水中煮熟，捞出放凉备用。
3. 将所有调料和水放入容器中，搅拌均匀。
4. 再加入白玉苦瓜、红枣以及梅子、青椒块和菠萝片充分拌匀。
5. 腌制3小时以上至入味即可。

什锦菇煮白菜

材料

大白菜200克，蟹味菇、西蓝花、柳松菇、杏鲍菇、鲜香菇、金针菇、玉米笋各30克，胡萝卜片、黑木耳片、姜末各15克，百叶豆腐50克，素高汤（做法详见142页）300毫升

调料

白糖、盐各1小匙，香油1大匙，水淀粉少许

做法

1. 大白菜洗净，去除菜叶，只留下白菜梗。
2. 将全部材料洗净后，菇类分切成小朵或片状；百叶豆腐切片状；西蓝花分切成小朵。
3. 取锅，加入香油，放入姜末爆香，再加入全部食材煸香后；倒入素高汤、盐、白糖煮沸，转小火煮约2分钟，加入少许水淀粉勾薄芡即可。

三丝银耳

材料

银耳20克，银杏50克，金针菇、香菇、素火腿、竹笋、胡萝卜各30克，水150毫升

调料

香油少许，白糖、盐、酱油各1小匙，水淀粉1大匙

做法

1. 银耳泡水至涨发后，剪去蒂头，切丝。
2. 将全部材料（银耳、银杏除外）洗净，切成细丝状备用。
3. 取锅，放入少许香油爆香做法2的材料，加入水、银耳丝、银杏煮沸，再加入白糖、盐、酱油和水淀粉煮沸后，放上烫熟的豆角丝（材料外）即可。

凉拌芦笋

材料

芦笋12根，香菜1棵，芹菜1根，红甜椒1/3个，魔芋粉结3个

调料

白糖、黑胡椒粉各少许，酱油1小匙，香油2大匙

做法

❶ 芦笋去除老皮，洗净后再放入沸水中汆烫；魔芋粉结汆烫一下，备用。

❷ 将香菜、芹菜、红甜椒都洗净切成碎状。

❸ 将调料混合均匀成酱汁备用。

❹ 取一盘放入芦笋与魔芋粉结，再撒入做法2的材料，最后将酱汁淋在芦笋上面即可。

什锦蔬菜煲

材料

魔芋粉结100克，玉米块80克，白萝卜块70克，胡萝卜块40克，素肉块、甜豆荚、白玉菇各30克，鲜香菇3朵，牛蒡片60克，海带结50克，姜片10克，水900毫升

调料

盐1/2小匙，生抽1大匙，白糖1小匙，植物油2大匙

做法

❶ 魔芋粉结洗净，稍微汆烫后捞起；素肉块泡软，汆烫后捞起；其余材料洗净备用。

❷ 热锅，加入植物油，放入姜片和素肉块炒香，加入水煮沸，加入玉米块、白萝卜块、胡萝卜块、牛蒡片、海带结煮熟。

❸ 加入其余调料、鲜香菇、白玉菇、魔芋粉结和甜豆荚，煮至所有材料入味即可。

凉拌珊瑚草

材料

珊瑚草、胡萝卜丝各50克，芹菜段80克，香菇丝15克，芋头150克，姜丝10克，红辣椒丝适量，熟白芝麻2大匙

调料

生抽3大匙，香油、盐各1小匙，白糖、醋各2小匙，植物油适量

做法

1. 珊瑚草泡水洗净，切段，汆烫后立即泡入冰水中冷却，再捞出沥干水分备用。
2. 芋头去皮切丝；热油锅至油温约170℃，放入芋头丝以中火炸至芋头丝表面酥脆。
3. 香菇丝以及胡萝卜丝入水汆烫后捞出。
4. 将珊瑚草、芋头丝、芹菜段、香菇丝、胡萝卜丝、姜丝、红辣椒丝以及其余调料拌匀，再撒上熟白芝麻即可。

凉拌海带丝

材料

海带丝200克，红辣椒丝5克，姜丝、白芝麻各10克

调料

盐1/4小匙，白糖、醋各1小匙，酱油少许，醋1/2小匙，香油1大匙

做法

1. 海带丝泡水、洗净，再捞起沥干，备用。
2. 热锅，放入白芝麻以小火炒香后取出。
3. 备一锅沸水，放入海带丝汆烫至熟，再捞起沥干。
4. 取一容器，放入海带丝、所有调料、姜丝和红辣椒丝拌匀，再加入炒香的白芝麻拌匀即可。

红烧素丸子

材料

板豆腐	2块
马蹄	10颗
红辣椒	15克
姜	15克
香菇梗	20克
上海青	适量
水	400毫升

调料

淀粉	2大匙
水淀粉	少许
植物油	适量
酱油	适量
白糖	适量
白胡椒粉	少许
香油	1/4小匙
素蚝油	1/2大匙
盐	1/4小匙

做法

1. 板豆腐洗净后，抹少许盐（分量外）放入电饭锅中，于外锅加入适量水（分量外），按下开关，蒸至开关跳起，放凉后将多余水分挤压出。
2. 马蹄去皮，切碎；红辣椒洗净切段；姜洗净切片；香菇梗洗净切碎；上海青洗净。
3. 将豆腐泥、马蹄碎、鲜香菇梗碎、淀粉和少许酱油、白糖、白胡椒粉、香油拌匀，捏成丸子，入油锅中炸至金黄色后捞出。
4. 热锅，加入少许橄榄油（材料外），爆香红辣椒段和姜片，加入少许酱油、素蚝油、盐和水煮沸；放入丸子煮至入味，加入上海青略煮，以水淀粉勾芡即可。

椰香芋头煲

材料

芋头600克，干香菇5朵，芹菜、椰奶各适量，水500毫升

调料

盐1/2小匙，白糖、香菇粉各1/4小匙，植物油、白胡椒粉各少许

做法

1. 芋头去头尾、去皮后，切厚片，略冲洗沥干；干香菇洗净，泡软后切丝；芹菜去叶后洗净切段，备用。
2. 热锅，加入少许植物油，放入香菇丝和芋头片炒香后，加入水炖煮15分钟。
3. 续加入椰奶和其余调料煮至入味，最后再放入芹菜段略煮即可。

红烧素鸭

材料

素鸭肉200克，干香菇3朵，竹笋80克，上海青适量，姜10克，水1000毫升

调料

酱油160毫升，冰糖1小匙，香菇粉、香油各少许，植物油3大匙

做法

1. 干香菇泡软洗净切小块；竹笋、姜洗净切片；素鸭肉切块，放入热水中泡软沥干。
2. 热锅加植物油，放姜片和香菇块炒香。
3. 加入素鸭肉和调料拌炒至均匀，再加入竹笋片、水煮沸，接着转小火炖煮约15分钟。
4. 待素鸭肉起锅前，取另一锅水（分量外）煮沸，放入洗净的上海青快速汆烫捞出，放入素鸭肉上即可。

凉拌金针菇

材料

金针菇100克，小黄瓜60克，胡萝卜丝、黑木耳丝各20克

调料

盐1/4小匙，白糖8克，柠檬汁1大匙，香油1小匙

做法

1. 金针菇去头洗净切段；小黄瓜洗净切丝，放入容器内以盐（分量外）拌匀，腌制1分钟后备用。
2. 在煮沸的水中依序放入胡萝卜丝、黑木耳丝，待水沸后放入金针菇，烫熟捞起。
3. 将做法2的材料泡入冰水后捞起，加入小黄瓜丝和所有调料拌匀即可。

什锦煮魔芋

材料

魔芋150克，西芹、姜片各20克，胡萝卜、干红辣椒段各10克，绿豆芽60克，花椒粒3克，水200毫升

调料

辣豆瓣酱2大匙，酱油、白糖、水淀粉各1大匙，香油、辣油各1小匙

做法

1. 魔芋切片状；西芹、胡萝卜洗净切片状。
2. 绿豆芽洗净用水汆烫，沥干备用。
3. 热锅，将姜片、干红辣椒段、花椒粒放入锅中炒香，再加入调料（水淀粉除外）与其余材料煮沸，以水淀粉勾芡即可。

第五章

家常素汤品

俗话说：“饭前喝碗汤，胜过良药方。”相比用肉食熬煮汤品的厚重口感，用素食做出来的汤更加清新爽口，汤中也更完整地保留了食材中的维生素等营养物质。本章教你用冰箱中常备的食材，制作美味又营养的家常素汤品。

素高汤

材料

绿豆芽600克，新鲜香菇300克，卷心菜(带心)1/2棵，芹菜3根，胡萝卜皮、白萝卜皮各75克，姜1块，水5000毫升

做法

❶ 将所有食材洗净，一起放入深锅中，加水以小火熬煮约1小时。

❷ 用滤网过滤，只留下高汤即可。

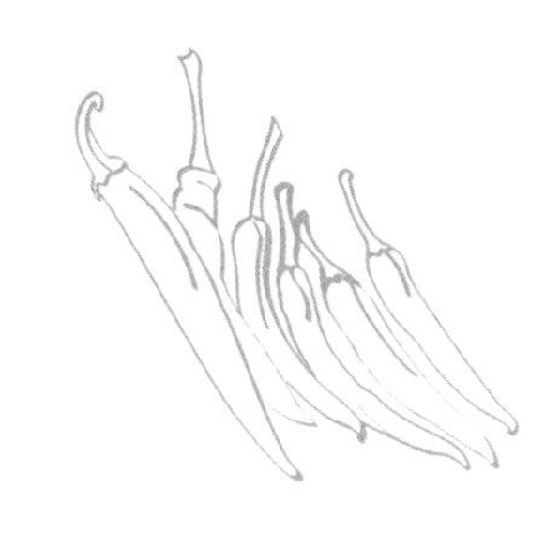

蔬菜高汤

材料

白萝卜、胡萝卜、土豆各100克，卷心菜80克，西蓝花120克，香菜梗40克，干香菇50克，姜片30克，水5000毫升

做法

❶ 将所有材料（姜片除外）用水洗净。

❷ 将做法1的材料均切成大块。

❸ 将5000毫升水倒入锅中，煮沸后放入姜片和所有材料。

❹ 续煮30分钟，捞除材料，即为蔬菜高汤。

海带高汤

材料

海带30克，姜片10克，水1800毫升

调料

盐1/2小匙

做法

1. 先将海带用纸巾擦干净备用。
2. 海带放入锅中，加水先泡20分钟。
3. 续放入姜片，再开火煮沸，转小火煮3分钟，加盐即可。

麻辣高汤

材料

干红辣椒段20克，花椒粒10克，姜片15克，八角、草果各1粒，白豆蔻适量，水1800毫升

调料

盐、白糖各1/2小匙，辣椒酱1大匙，辣油1小匙，植物油少许

做法

1. 取锅加入少许植物油，放入姜片爆香，至姜片微干。
2. 放入花椒粒炒香，续放入干红辣椒段炒匀，接着加入八角、白豆蔻、草果、辣椒酱拌炒。
3. 续加入水煮沸，转小火煮15分钟，最后加入其余调料、辣油拌匀即可。

胡萝卜海带汤

材料

海带结、胡萝卜各150克，姜片30克，水700毫升

调料

盐1大匙

做法

❶ 胡萝卜去皮，切滚刀块；海带结泡水洗净备用。

❷ 取汤锅，放入胡萝卜块、海带结、姜片、水和盐，煮约25分钟即可。

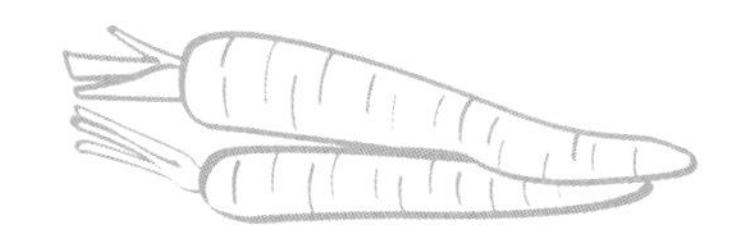

西芹笋片汤

材料

绿竹笋350克，西芹片60克，胡萝卜片30克，姜片20克，水800毫升

调料

盐1大匙

做法

❶ 绿竹笋去皮，洗净切斜片状。

❷ 取一汤锅，放入绿竹笋片、西芹片、胡萝卜片、姜片、水和盐，煮约25分钟即可。

丝瓜魔芋豆芽汤

材料

丝瓜　200克
魔芋　80克
绿豆芽　100克
枸杞子　10克
姜丝　5克
素高汤　700毫升

调料

盐　1/4小匙
香油　1/4小匙

做法

1. 丝瓜洗净削皮，切片状；魔芋洗净沥干水分，先切花刀再切小片状，泡入水中；绿豆芽以清水稍稍冲洗干净，备用。
2. 锅中加水煮沸后，放入绿豆芽和魔芋片略汆烫后，捞起备用。
3. 另取汤锅，加入素高汤煮沸，放入丝瓜片、姜丝续煮至再度沸腾，加入绿豆芽、魔芋片和枸杞子略煮沸，最后加入其余调料拌匀即可。

家常罗汉汤

材料

西蓝花100克，杏鲍菇70克，土豆80克，胡萝卜50克，西芹40克，姜片30克，鸡蛋1个，水800毫升

调料

盐1小匙

做法

❶ 西蓝花洗净切成小朵；胡萝卜、土豆去皮，洗净切片；西芹、杏鲍菇洗净切大块；鸡蛋打散成蛋液，备用。

❷ 将做法1的所有材料（蛋液除外）和姜片放入汤锅，加入盐和水煮约30分钟。

❸ 起锅前倒入蛋液，搅拌成蛋花，再度煮沸即可。

什锦蔬菜汤

材料

西红柿60克，豆腐1块，香菇2朵，西芹20克，胡萝卜、姜片各30克，蔬菜高汤（做法详见142页）1200毫升

调料

盐1小匙

做法

❶ 豆腐洗净切块状；香菇泡水至软，切片。

❷ 西红柿、西芹、胡萝卜都洗净切片状。

❸ 取一汤锅，放入做法1、做法2的所有材料、姜片和调料，煮约25分钟即可。

玉米双萝卜汤

材料

白萝卜400克，胡萝卜、素香菇丸各150克，玉米1根，香菜适量，水1300毫升

调料

盐1小匙，白胡椒粉、香油各少许

做法

1. 白萝卜和胡萝卜去头去皮，洗净切块；玉米洗净切块备用。
2. 取汤锅，加入水煮沸，放入白萝卜块、胡萝卜块和玉米块煮沸，转小火煮30分钟。
3. 再放入素香菇丸煮约2分钟。
4. 最后加入其余调料，再放入香菜即可。

萝卜干豆芽汤

材料

萝卜干1条，黄豆芽100克，水600毫升

做法

1. 萝卜干略为冲洗去除咸味和杂质，切小块备用。
2. 黄豆芽洗净，沥干水分备用。
3. 水倒入汤锅中煮沸，加入萝卜干块和黄豆芽，以小火煮约8分钟即可。

养生蔬菜汤

材料
干香菇3朵，白萝卜250克，胡萝卜、牛蒡各200克，白萝卜叶50克，水适量

调料
盐1/2小匙，白胡椒粉、香油各少许

做法
1. 干香菇洗净沥干水分；白萝卜洗净沥干水分，不去皮就直接切块状；胡萝卜洗净沥干水分，不去皮就直接切块状；牛蒡洗净沥干水分，横切成短圆柱状；白萝卜叶洗净沥干水分备用。
2. 取汤锅，放入做法1的全部食材，再加入水，并以大火煮沸后，转小火煮约1小时，加入调料即可。

牛蒡腰果汤

材料
牛蒡（小）1条，无味腰果100克，水1000毫升

调料
盐少许

做法
1. 牛蒡洗净，带皮切斜薄片备用。
2. 将所有材料放入电饭锅内锅中，外锅加适量水，按下开关煮至开关跳起。
3. 加入盐调味即可。

西蓝花木耳汤

材料

西蓝花200克，黑木耳100克，豆皮、胡萝卜片各40克，姜片10克，冷开水800毫升

调料

盐1/2小匙，香菇粉少许，植物油适量

做法

1. 西蓝花切小朵洗净；黑木耳洗净切片；豆皮汆烫后切片，备用。
2. 热锅加入植物油，放入姜片爆香，加入水煮沸。
3. 续放入做法1的材料和胡萝卜片煮熟，再放入其余调料拌匀即可。

四宝炖素肚

材料

素肚1个，花菇2朵，莲子60克，银杏50克，红枣8颗，水600毫升

调料

盐1/2小匙，香菇粉、香油各少许

做法

1. 素肚洗净、切块；花菇洗净、切丁；莲子、银杏放入沸水中略汆烫，再捞起沥干；红枣洗净，备用。
2. 将做法1的所有材料和水放入电饭锅内锅中，于外锅加入适量水，盖上锅盖煮至开关跳起，加入调料拌匀即可。

花菜蟹味菇汤

材料

花菜200克，金针笋50克，蟹味菇70克，姜片10克，水800毫升

调料

盐1/2小匙，白糖少许，香油1小匙

做法

1. 花菜切小朵洗净；金针笋洗净切段；蟹味菇去蒂头洗净，备用。
2. 锅中加入水煮沸，再放入姜片、花菜煮约5分钟。
3. 续放入金针笋段、蟹味菇，煮至熟透后再加入调料拌匀即可。

当归素鸭汤

材料

素鸭400克，当归30克，川芎15克，黄芪30克，熟地10克，甘草3克，红枣8颗，桂枝、桂皮各2克，丁香1克，枸杞子10克

调料

盐适量

做法

1. 素鸭泡软切块，汆烫后捞起沥干备用。
2. 其余材料洗净，备用。
3. 将素鸭、做法2的材料和1000毫升水（材料外）加入电饭锅内锅中，再将内锅放入电饭锅，于外锅加入适量水，盖上锅盖煮至开关跳起，续闷约5分钟。
4. 最后加入盐拌匀，盖上锅盖再闷10分钟左右即可。

银耳蔬菜汤

材料

银耳	15克
圣女果	50克
胡萝卜	40克
卷心菜	200克
花菜	150克
西芹	100克
姜片	10克
水	600毫升

调料

盐	1/2小匙
香菇粉	1/4小匙
冰糖	少许
白胡椒粉	少许

做法

1. 银耳洗净、泡软，切去蒂头后切成小朵状；圣女果洗净，氽烫后去皮；胡萝卜去皮、切片；卷心菜洗净切片；花菜洗净切小朵；西芹去除粗丝后切丁，备用。
2. 取一锅，加入水煮沸后放入姜片、银耳、圣女果，煮约10分钟，再加入胡萝卜片、卷心菜片、花菜和西芹丁，煮约15分钟。
3. 续加入调料，拌匀后将所有材料煮至入味即可。

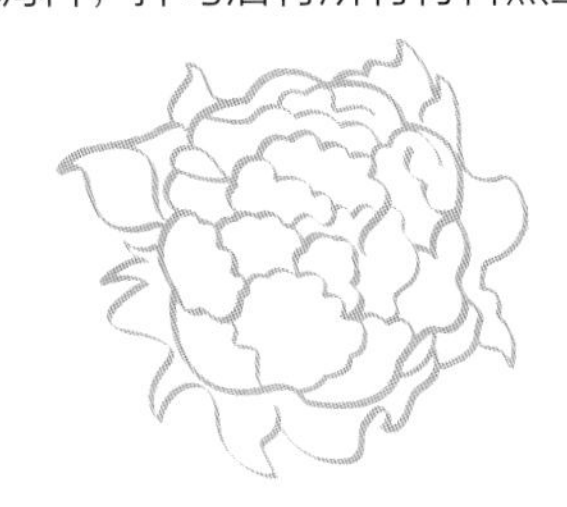

西红柿芹菜汤

材料

西红柿250克，芹菜、素腰花各80克，水750毫升

调料

盐、白糖各1/2小匙，香油1小匙

做法

1. 西红柿洗净切块；芹菜去叶洗净切段；素腰花洗净切小块汆烫，备用。
2. 热锅加入水煮沸，放入西红柿块煮沸。
3. 最后放入芹菜段、素腰花块、调料煮匀入味即可。

冬瓜素排骨汤

材料

冬瓜200克，薏米80克，素排骨100克，当归1片，山药片10片，老姜3片，枸杞子5克，水3000毫升

调料

白糖、素蚝油、盐各适量

做法

1. 冬瓜洗净去籽，切厚片。
2. 薏米浸泡冷水中30分钟，捞出放入水已煮沸的蒸笼中，以小火蒸约30分钟。
3. 取锅，加入水和全部食材（洗净）煮沸，转小火煮约30分钟后，先捞出老姜，再加入调料拌匀即可。

玉米蔬菜汤

材料

玉米150克，白萝卜100克，胡萝卜50克，黑木耳40克，上海青60克，姜片5克，水800毫升

调料

盐1/2小匙，白胡椒粉适量，香油少许

做法

1. 玉米洗净切块状；白萝卜、胡萝卜洗净去皮切块；黑木耳洗净切片；上海青去头去外叶洗净，备用。
2. 取锅加入水煮沸，放入姜片、白萝卜块、胡萝卜块、玉米块、黑木耳片煮25分钟。
3. 续放入上海青和调料煮入味即可。

菠菜雪梨汤

材料

菠菜200克，雪梨100克，西红柿150克，水700毫升

调料

盐1/2小匙，白糖1/4小匙，植物油、姜汁各少许

做法

1. 菠菜洗净切段；雪梨去皮切丝；西红柿汆烫去皮、去籽、切丝，备用。
2. 取锅，加入水煮沸，放入菠菜段、西红柿丝续煮沸。
3. 最后放入雪梨丝和调料煮匀即可。

蟹黄丝瓜汤

材料

丝瓜250克，黑木耳10克，姜15克，胡萝卜20克，山药30克，当归5克，枸杞子10克，水1000毫升

调料

盐1小匙，白糖1/2小匙

做法

1. 丝瓜、山药、姜去皮后洗净，切成细丝；黑木耳洗净切丝；胡萝卜用汤匙刨成泥。
2. 将水煮沸后，把当归、枸杞子放入，煮15分钟。
3. 另起锅把姜丝、胡萝卜泥爆香。
4. 之后把做法3的材料和其他食材一起放入做法2的药材汤中，待所有食材煮熟后，加入调料即可。

药膳素鳗鱼汤

材料

素鳗鱼段4条，姜片、当归、川芎、枸杞子各10克，党参、黄芪各15克，红枣5颗，水3000毫升

调料

白糖、素蚝油、盐各1小匙

做法

1. 将当归、川芎、党参、红枣、黄芪和枸杞子稍微洗净，备用。
2. 取锅，放入做法1的所有材料和水、姜片煮约10分钟，再加入素鳗鱼段、调料，将材料炖煮入味即可。

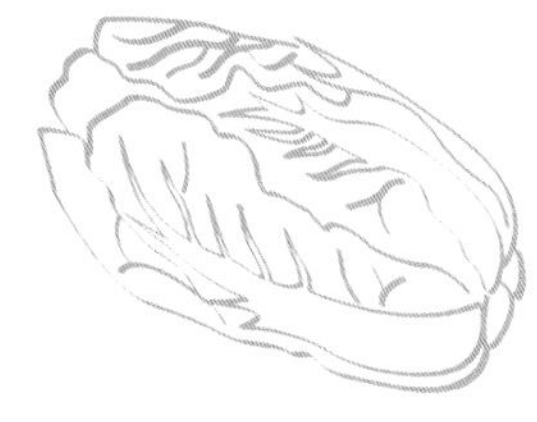

鲜菇汤

材料

鲜香菇	2朵
金针菇	50克
柳松菇	50克
蘑菇	50克
杏鲍菇	50克
西蓝花	150克
蔬菜高汤	600毫升

调料

香菇粉	6克
盐	适量

做法

1. 鲜香菇、金针菇去蒂洗净，沥干水分；鲜香菇切片，备用。
2. 柳松菇、杏鲍菇洗净，沥干水分，以手撕成长条状。
3. 蘑菇洗净，沥干水分，对半切开。
4. 西蓝花洗净切小块，放入沸水中汆烫至变翠绿色，先泡入冰水中，再捞起沥干备用。
5. 将蔬菜高汤倒入锅中，放入做法1、做法2、做法3的全部材料以大火煮沸，改中小火续煮约10分钟，再加入西蓝花和其余调料略搅拌即可。

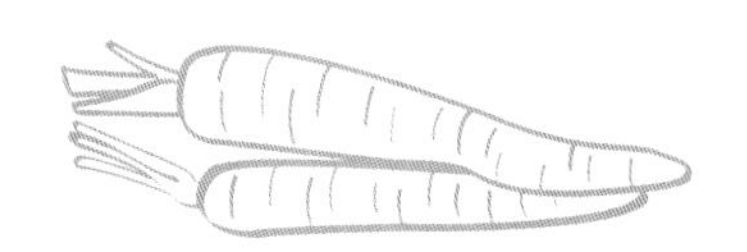

药膳食补汤

材料
草菇50克，金针菇30克，柳松菇80克，银杏20克，百叶结60克，人参须、山药各10克，枸杞子5克，水1000毫升

调料
盐1小匙，白糖1/2小匙

做法
1. 草菇、柳松菇洗净；银杏、百叶结洗净；金针菇洗净去蒂头；人参须洗净擦干水分；山药洗净，备用。
2. 取锅，倒入水煮沸后，将做法1的所有菇类、银杏及百叶结放入，汆烫后捞出。
3. 续将人参须、枸杞子、山药放入煮15分钟，再将做法2的食材加入，以中小火煮约10分钟。
4. 起锅前加入调料即可。

牛蒡核桃汤

材料
牛蒡200克，核桃仁100克，当归、枸杞子各10克，花旗参、红枣各20克，素排骨50克，香菇30克，水1500毫升

调料
白糖、盐各1小匙，白胡椒粉1/4小匙

做法
1. 牛蒡洗净，不去皮直接切片。
2. 将核桃仁放入沸水中汆烫后，捞起洗净，沥干备用。
3. 取锅，放入全部材料（洗净）煮沸后，转小火煮约30分钟，再加入调料，拌匀即可。

香油白菜汤

材料

长白菜250克，杏鲍菇、素鸭肉各100克，老姜30克，枸杞子5克，水1200毫升

调料

酱油2大匙，香油3大匙，盐1小匙

做法

1. 长白菜、杏鲍菇、素鸭肉洗净；长白菜切段，杏鲍菇和素鸭肉切小块；老姜外皮刷洗干净，去除脏污，切片备用。
2. 起一锅，倒入香油烧热，放入老姜片煎香，放入长白菜炒软。
3. 续加入水和做法1的其余材料煮沸，放入枸杞子，加盖以小火焖煮5~6分钟，放入盐、酱油拌匀即可。

豆腐素肉汤

材料

素肉30克，冻豆腐2块，干香菇3朵，原味豆浆1200毫升

调料

盐、白糖各1大匙

中药材

花椒粒3克，红枣6颗，枸杞子5克，山药5片，姜末10克

做法

1. 素肉洗净，放入沸水中稍微汆烫，捞出挤干水分；冻豆腐洗净，1块切成4小块；干香菇以水泡发，去梗切块备用。
2. 原味豆浆放入汤锅中，以小火煮沸至香味散出，放入做法1的所有材料煮沸。
3. 续放入所有中药材以小火煮5~6分钟（不可加盖），加入其余调料拌匀即可。

花旗参银耳汤

材料

花旗参	50克
素火腿	50克
黄瓜	200克
银耳	20克
鲜香菇	50克
枸杞子	5克
发菜	少许
姜丝	20克
素高汤	1000毫升

调料

白糖	1小匙
盐	1小匙
水淀粉	1大匙
香油	1大匙

做法

1. 花旗参浸泡冷水中，捞出放入水已煮沸的蒸笼中，以小火蒸约20分钟至发涨后，取出切细条状。
2. 素火腿切细丝；黄瓜洗净去皮去籽，切细条状；银耳浸泡在冷水中至发涨，取出去蒂头后切丝状；鲜香菇洗净切细条状。
3. 取锅，加入香油，放入姜丝爆香，加入其他材料和其余的调料煮沸后，转小火煮约2分钟即可。

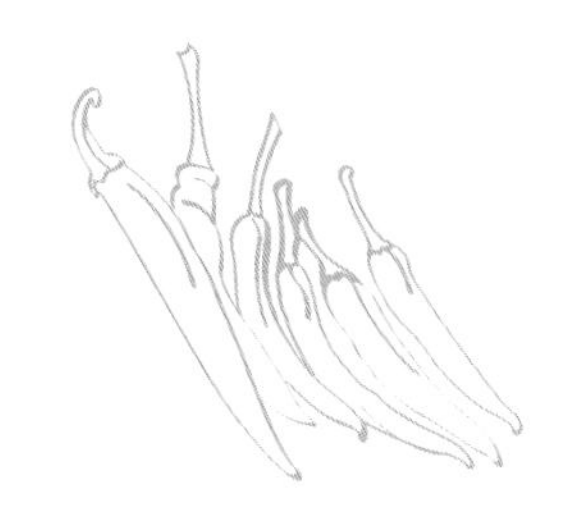

十全山药汤

材料
紫山药350克，素鱼丸150克，水800毫升

调料
盐1小匙，植物油适量

中药材
熟地16克，黄芪8克，银杏20克，红枣5颗，山药4片，人参须20克，枸杞子5克

做法
1. 紫山药去皮切块，备用。
2. 取半锅油烧热至140℃，放入素鱼丸炸至定型，捞出沥干油分。
3. 汤锅放入水煮沸，加入紫山药块、素鱼丸煮沸，续放入所有中药材，加盖以小火焖煮5~6分钟，加入盐调味即可。

牛蒡补气汤

材料
牛蒡150克，胡萝卜、金针菇各30克，白菜60克，冻豆腐2块，鲜香菇3朵，水800毫升

调料
盐1小匙，白糖1小匙

中药材
黄芪12克，人参须10克，红枣6颗

做法
1. 所有材料洗净；牛蒡、胡萝卜去皮切片；白菜切段；冻豆腐1块切成4小块；鲜香菇去梗；金针菇切除根部。
2. 取一汤锅，放入水煮沸，放入做法1的所有材料煮沸，续放入中药材，加盖以小火焖煮5~6分钟，加入调料拌匀即可。

蔬菜豆腐汤

材料

莲藕60克，土豆、豆腐各40克，胡萝卜30克，杏鲍菇80克，水800毫升

调料

盐1小匙

中药材

何首乌40克，人参须20克，茯苓2片

做法

1. 莲藕、土豆、胡萝卜都洗净去皮；杏鲍菇、豆腐洗净，备用。
2. 莲藕、胡萝卜切成片状；土豆、杏鲍菇切滚刀块状；豆腐切厚片。
3. 取一汤锅放入水煮沸，放入莲藕片、胡萝卜片和土豆块煮熟。
4. 续放入豆腐片、杏鲍菇块和所有中药材，加盖焖煮5分钟，最后加盐调味即可。

西红柿美颜汤

材料

西红柿2个，豆干30克，枸杞子10克，水1000毫升

调料

番茄酱4大匙，盐1小匙

做法

1. 西红柿洗净去蒂，切成小块；豆干以沸水稍微汆烫，沥干水分，切小块备用；枸杞子洗净，沥干备用。
2. 取一汤锅，放入水煮沸，放入西红柿块和豆干块煮沸。
3. 放入枸杞子，加盖以小火焖煮5~6分钟，起锅前加入调料即可。